# 十万个为什么
# 奇异的植物世界
### QIYIDEZHIWUSHIJIE

《科普世界》编委会 编

内蒙古科学技术出版社

图书在版编目（CIP）数据

奇异的植物世界 /《科普世界》编委会编. —赤峰:
内蒙古科学技术出版社，2016.12（2020.2重印）
（十万个为什么）
ISBN 978-7-5380-2746-4

I. ①奇… Ⅱ. ①科… Ⅲ. ①植物 – 普及读物 Ⅳ.
① Q94-49

中国版本图书馆CIP数据核字（2016）第313131号


**奇异的植物世界**

作　　者:《科普世界》编委会
责任编辑: 许占武
封面设计: 法思特设计
出版发行: 内蒙古科学技术出版社
地　　址: 赤峰市红山区哈达街南一段4号
网　　址: www.nm-kj.cn
邮购电话:（0476）5888903
排版制作: 北京膳书堂文化传播有限公司
印　　刷: 天津兴湘印务有限公司
字　　数: 140千
开　　本: 700×1010　1/16
印　　张: 10
版　　次: 2016年12月第1版
印　　次: 2020年2月第2次印刷
书　　号: ISBN 978-7-5380-2746-4
定　　价: 38.80元

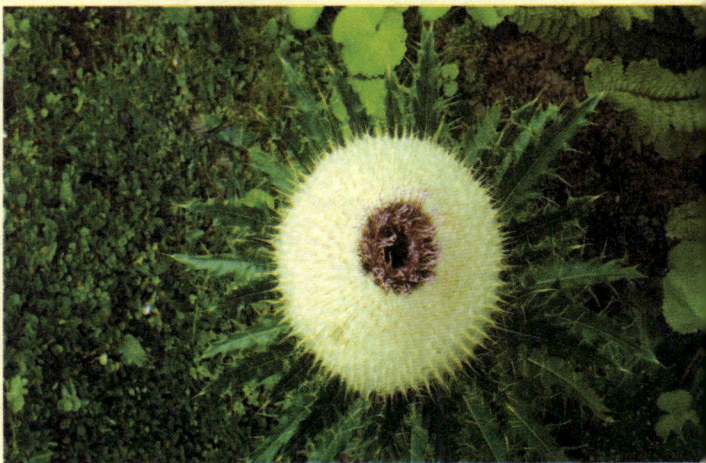

在自然界中，生物的足迹遍布各处，无时无刻不在展现着生命的活力。植物是地球生命的重要组成部分，数个世纪以来，人类不断惊异于它们生存、繁育所演绎出的一个又一个奇迹。

比起动物，植物是地球上更为古老的居民，它们经历了数亿年的漫长岁月，才完成了从简单到复杂，从低级到高级，从水生到陆生的进化，形成我们现在所看到的植物界。据估算，现存植物物种大约有350000个，它们有的会"害羞"，有的会"说话"，有的很"顽皮"，有的则很爱"睡"……它们的奇趣异彩装点了大自然，也为人类的精神生活提供了基础需要。

许多人可能都没有注意到，我们每一次踏过的草丛，每一次嗅过的花朵，每一次倚靠的大树，它们的成长都是有故事的，正如地球上的每一个生命。

# Part ❶
## 植物的天地

目录 Contents

1

# Part 2
## 果实和种子

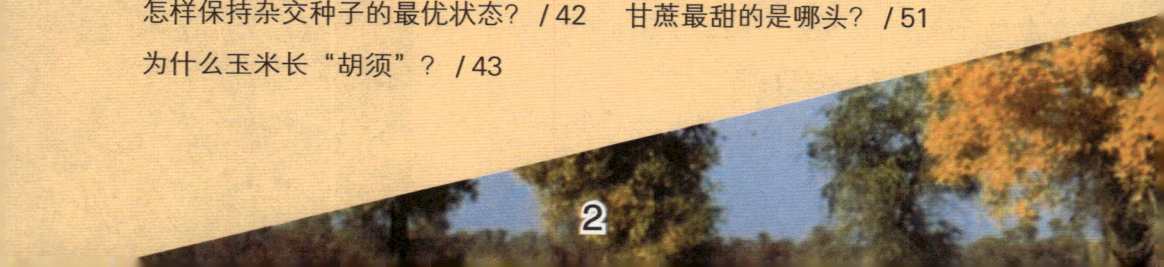

# Part ❸
## 美丽的花朵

# Part 4
## 神奇的特性

# Part 5
## 植物中的珍宝

# part 1

植物的天地

# 为什么植物大都是绿色的？

一到春天，小草吐出嫩芽，是绿色的，大树抽出的枝条，也是绿色的。为什么自然界中的植物大都长绿叶呢？

原来，植物进行光合作用的"工厂"是叶子中的叶绿体。叶绿体中最主要的色素是绿色的叶绿素，此外还有橙黄色的胡萝卜素和黄色的叶黄素。它们能分别吸收不同光谱的光进行光合作用。胡萝卜素和叶黄素主要吸收蓝光和蓝绿光；叶绿素主要吸收红光和蓝紫光，对红光和蓝紫光之间的橙、黄、绿色光吸收很少，其中尤以对绿光吸收最少，这样，才使绿光能够反射出去。被吸收的光我们就看不到了，我们眼睛所能看到的是被植物叶子反射的光。在自然界中，绝大多数植物叶子含叶绿素最多，由于其对绿光的反射作用，所以我们一般所看到的植物叶子都呈现绿色。

▼ 植物的叶子大多都是绿色的

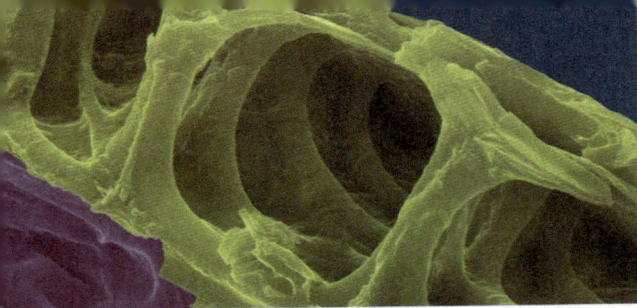

## 什么原因让动物与植物有了根本的不同？

地球上的生物主要是动物和植物，可作为生命体，到底是什么让动物与植物有了根本的区别呢？植物细胞是由液泡、线粒体、叶绿体、细胞壁、细胞膜、细胞核组成的，而动物细胞是由线粒体、细胞膜、细胞核组成的。因此，植物细胞与动物细胞的主要区别就是植物细胞有细胞壁、叶绿体，还有成熟的大液泡，且在分裂的时候还有细胞板。

## 植物生长为什么离不开阳光？

植物之所以被称为食物链的生产者，是因为它们能够通过光合作用利用无机物生产有机物并且贮存能量。对于生物界的几乎所有生物来说，这个过程是它们赖以生存的关键。阳光是植物进行光合作用的必需条件之一，因为只有在阳光的照射下，植物才能将二氧化碳和水转化为可储存的能量，并释放出氧气。如果植物长时间不能见到阳光，植物的叶绿素会因为得不到太阳光的光量子而萎缩死亡，这个植物会发生白化，最后导致植株死亡。

植物的天地

4

# 为什么植物只向上生长？

种子生根发芽，努力向上生长，为什么植物都只向上生长呢？因为有了太阳光的照射，植物的叶子才会生长。有了叶子，植物才能利用阳光进行光合作用，制造自己所需的养料。光线只有地面上才有，所以植物总是从地下钻出来，然后一直往上长。

▼ 无论植物还是人类，生长都离不开太阳

## 为什么植物的根向下生长？

我们很少见到植物的根是向上生长的，这是什么原因呢？原来，在根的顶端有一处像帽子的部分，这就是根冠。根冠的细胞里积累了大量的钙，从而控制着植物的根朝下生长。此外，地下水也是吸引根向地下生长的原因，而且越是潮湿的地方，根往往长得越密。有些长在沼泽地里的树木，根会向上伸出淤泥。这是一种特别的呼吸根，它能适应淤泥里缺少氧气的环境条件。

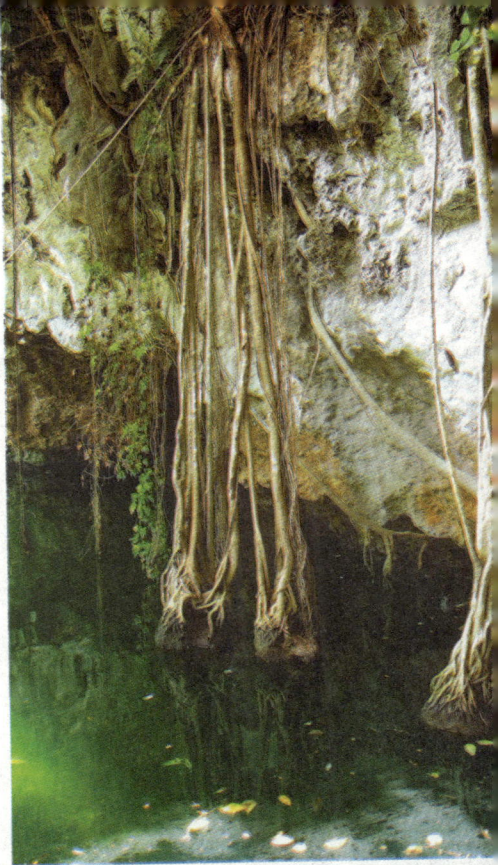
▲ 根部长在水里的植物

## 水生植物的根是如何呼吸的？

美丽的花枝配上漂亮花瓶是装点居室的佳品，可让人失望的是，用不上几天，浸在水中的茎秆就烂了。可我们看到生长在水中的荷花却生长得很好，这是为什么呢？其实，植物的根既能吸收养料和水分，也能进行呼吸。在植物根的表皮上，有一层半透明的膜，土壤中的空气就透过这层薄膜扩散到根里去，植物也就获得了氧气。如果土壤积水，空气减少，根呼吸不到氧气，植物就会腐烂，甚至死亡。而水生植物的根内部细胞间隙较大，上下连通，空气可自由出入，根表皮的半透明膜的渗透能力强。这样，水生植物的根就能吸收水中的氧气，通过内部细胞间隙，供根呼吸。何况某些水生植物的茎、叶还能储存水，所以不会腐烂、死亡。

水生植物 ▶

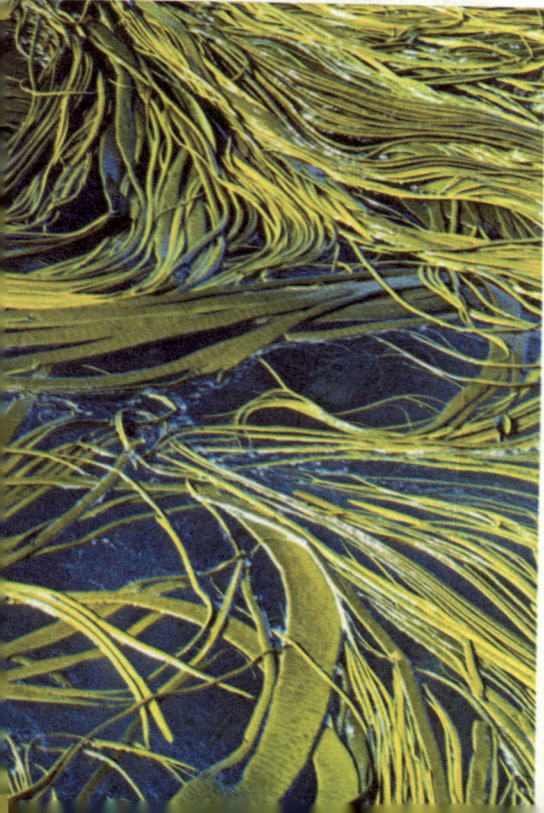

## 海里的植物有根吗？

　　陆地上的植物靠根吸收地下的水分和营养，但是海里的植物所需要的水分和营养随时可以由整个植物从海中摄取，所以它们是不需要根的。海里植物的根、茎、叶在结构上没有明显区别，有的看起来好像有根，其实是假根，它们像锚一样抓住海底岩石，使整株植物不被海水冲走。

◀ 海藻

# 植物叶子的形状是由什么决定的?

　　如果你是一个细心的人，就会发现不同植物的叶子形状是不同的，就如同不同的人长着不同的脸，这是为什么呢? 原来，树叶形状是植物在适应环境的过程中进化形成的，各种树由于经历自然选择，而形成了自己特有的叶片形状。如果我们再细心一些就会发现，植物生活环境不同，它们叶子的大小也不同。生活在南方多雨环境中的植物，如椰子、油棕等，它们的叶子又宽又大，这样植物可以充分吸收阳光，调节体内水分含量，而在寒冷或者干旱地区生长的植物，如松树、杨树、仙人掌、光棍树、麻黄等，它们的叶片很小，有的甚至退化成了针状，用以减少风沙危害和水分蒸发，使植物更好地适应生存环境。

▼ 大自然中的树叶各式各样

# 为什么大多数植物的叶子是扁平的?

虽然自然界的植物叶子是各不相同的,但大多数叶子都是扁平的。其实这也是自然选择的结果。扁平展开的叶片与外界接触面积最大,可以充分接受太阳光的照射从而进行光合作用。不过,植物的叶子并非全部如此,例如在干旱及寒冷地区生长的杉树、仙人掌等的叶子就是针状的;猪笼草的叶片前半部分是瓶状捕虫器;豌豆为了适应攀缘的生活方式,一部分小叶逐渐演变成卷须形状。除了这些,在自然界中,由于生活环境的不同,也有一小部分植物为了适应独特的生存环境,长有其他形状的千奇百怪的叶子。

◀ 猪笼草

# 为什么树叶到秋天会变颜色？

从春到夏，树叶都呈现富有生机的绿色，但秋风吹来时，树叶就慢慢变黄、变红，飘落下来，为什么到了秋天树叶就会变颜色呢？

树叶呈现绿色是因为其中含有较多叶绿素。叶绿素有吸收传递转换光能的作用，是光合作用必不可少的，整个夏天叶子之所以可以长期保持绿色，主要是因为叶子不断产生新的叶绿素，从而代替那些褪了色的老叶绿素。

到了秋天，一些树叶无法经受低温气候，所以叶子的新陈代谢就发生变化，新的叶绿素产生的速度下降，但老叶绿素的破坏依然进行，于是，叶子里的叶绿素含量慢慢减少，而十分稳定的类胡萝卜素的含量相对增多，因此叶子就变成黄色的了。

有些树的叶子在深秋会变红是因为这些叶子中有一些花青素。花青素的含量相当多时，就能使叶子变成红色。低温有利于花青素的形成，但它不利于叶绿素的形成。所以有些植物，像枫树，刚长出的嫩叶及秋天快要落下的老叶全呈现红色。

◀ 自然界中的各式树叶到秋天就变了颜色，不仅有绿色，还有黄色、红色等其他颜色

植物的天地

# 为什么一到秋天，树叶就会脱落？

秋天，天气转凉，树叶就会从树枝上脱落，这是为什么呢？这是树木为了降低水分蒸腾和减少养料消耗，以确保自己能安全过冬的自然现象。

绿叶的主要作用是吸收太阳光进行光合作用制造养料，以及蒸腾水分。蒸腾水分可以使树木调节自身温度，不致在炽热的阳光下被灼伤。通常气温越高，树木水分蒸腾得越多。秋季来临，雨水稀少，空气干燥，土壤中的含水量也随之减少，满足不了树木生长的需要。加上日照时间的逐渐缩短，为了保证自身有充足的养分，此时树叶中会产生一种激素——脱落酸。当叶片中的脱落酸输送到叶柄的基部时，在叶柄基部会形成一层非常小而细胞壁又很薄的薄壁细胞，即离层。离层形成后水分就不能再正常输送到叶子里。叶子由于得不到水分的正常补充，会逐渐干枯，在脱落酸的作用下，离层周围会形成一个自然的断裂面。这时，秋风微吹便会落叶纷飞，甚至无风时叶片也会自己落下。

◀ 落叶知秋

# 树木保有多少叶子才能生存？

　　害虫主要是吃植物的叶子，可对于一棵树，损失掉多少叶子才会死亡呢？经试验研究发现，树木吸收的二氧化碳比释放的少，不能保证光合作用进行，树木就会死去。也就是说，当90%的树叶被损害后，树木仍有生命力，而如果95%的树叶被损害，树木就无法挽救了。

▼ 枯树

# 为什么山上的植物种类比平地多？

　　高山的植物都有垂直分布的现象。会随着高度的不同有不同种类的植物。山上植物种类多的主要原因是地形高低不平，影响气候的大气环境发生变化，而且山上的雨和雾比山下多，阳光也比较强烈，所以，从山下到山上分布着种类不同的植物。如四川峨眉山，山脚下主要生长樟木、楠木等常绿树，向上有槭树，在最上则是冷杉，而在五六月份，有大片的杜鹃花，遍山紫红如云霞。而平原上的地形平坦，气候比较一致，所以植物种类就少得多。通常来说，适应高山气候的植物无法在平原上正常生长。

▼ 山坡上的植被

▲ 植物的光合作用为人们制造了足够的氧气

# 植物为什么可以净化空气?

　　植物不仅可以美化我们的环境，还可通过光合作用吸收二氧化碳释放氧气，有些植物还可以吸收空气中的甲醇、氨、苯等物质，从而可以净化空气。根据科学研究，这些绿色植物通常是靠叶子的细微舒张来吸取这些化学物质的，这些绿色植物中多含有挥发性油类，具有显著的杀菌功能和抗毒能力，能吸收空气中一定浓度的有毒气体，如二氧化硫、氮氧化物、甲醛、氯化氢等，如绿萝、发财树、吊兰等观叶植物对吸附放射性物质具有很强的功效。

　　因此，如果能在居室中平均每 10 平方米栽上一两盆具有净化空气功能的花草，基本上可以起到清除空气污染的作用。

植物的天地

**13**

## 在卧室摆放太多植物好吗？

植物虽然可以净化空气，但不宜在卧室内过多摆放，这是因为一些花草的茎、叶、花都含有毒素，如万年青的枝叶含有某种毒性，入口后直接刺激口腔黏膜，严重的还会使喉部黏膜充血、水肿。像夹竹桃若被误食，会出现呕吐、腹痛、昏迷等种种急性中毒症状。有些名贵花卉还会散发出浓郁奇香，长时间待在这样的 环境中，会使人嗅觉减退、食欲不振。

另外，花草虽在白天能进行光合作用释放氧气，净化空气环境，但是在夜间，花草呼吸则要吸入氧气呼出二氧化碳，由此室内氧气便可能不足，对人体造成损害。

花草等可放在客厅、阳台等通风好的地方，这样既可美化环境，也不会对人体健康造成损伤。

▶ 花草可以美化环境，家庭种植最好摆放于客厅、阳台

# 为什么植物都有很多很长的根须？

　　植物的根须不但多而且长，比地面上的茎要多几倍，甚至几十倍。如山坡上的枣树一般高三四米，它的根垂直深度竟达 10 多米；一株小麦有 7 万多条须根，长约 500 米，如果将它的根、根毛连起来，总长度可达 20 多千米。植物长这样多且长的根须是因为植物在生长过程中，需要吸收大量的肥料和水分来供给枝叶生长，植物的根系越发达，枝叶就越繁茂；反之，则枝叶枯黄，生长发育不良。其次，植物拥有发达的根系还可抵抗一定的自然灾害，如大风、大雨、洪水的冲刷等。此外，有些植物还长有气根，如高粱、玉米等，这些"气根"部分或全部露出地面，除了可固着植株外，还能吸收大气中的水分和养分，促进植物的生长。

▼ 小麦、水稻看似不高，其实它们也有发达的根系，一株小麦有 7 万多条须根，长约 500 米，比它的茎可长很多啊

# 植物也懂"爱"与"恨"吗？

　　我们生活的地球，并不是只有人类和动物才懂得好恶，植物也有"爱恨"之分。当然这种"爱"和"恨"不是感情的表现，而是体现在生长状况上，有的植物能与其他植物成为"好朋友"，有的植物之间则是天生的"冤家对头"。

　　科学家经过实践证明，洋葱和胡萝卜是好朋友。它们发出的气味可驱赶彼此的害虫；大豆喜欢与蓖麻相处，因为蓖麻散发出的气味使危害大豆的金龟子望而生畏；玉米和豌豆种在一起，两者生长健壮，相互得益；葡萄园里种上紫罗兰，结出的葡萄香甜味浓；玫瑰和百合种在一起，花繁叶茂；在月季花的盆土中种几棵大蒜或韭菜，能防止月季得白粉病。

　　而另一些植物之间则是"冤家对头"，彼此水火不容。如丁香花和水仙花不能在一起，因为丁香花的香气对水仙花危害极大；郁金香和勿忘草、丁香花、紫罗兰都不能生长在一起，否则会互不相让；小麦、玉米、向日葵不能和白花草、木樨生长在一起，不然会使这些作物颗粒无收；另外，黄瓜和番茄、荞麦和玉米、高粱和芝麻等，也都不能种在一起。

▲ 黄瓜和番茄是冤家，不能种在一起

## 植物也懂"利益"的互惠？

　　对于有性繁殖的植物来说，一定要成功授粉才可能繁衍下去，而这就要通过花粉传递。为什么花粉传递如此重要呢？这主要是因为花粉里包裹着精子。除少数植物能进行自花授粉之外，大多数植物需要外力的帮助才能实现传粉。为了能繁殖后代，植物施展了多样的策略来调控花粉的命运。

　　白天开花的植物往往利用鲜艳的颜色——多为黄色、紫色、蓝色或红色——吸引白天活动的动物传粉。夜间光线暗淡，气味就成了植物引诱传粉者的一个重

▲ 植物利用不同方法传播花粉

要途径。此外，夜间开放的花常为白色，也便于蛾类、蝙蝠等夜间活动的动物借助月光、星光，在黑暗中发现花朵。

也有些植物既可以利用白天的传粉者，又可以利用夜间活动的昆虫进行授粉。例如，忍冬科植物忍冬，俗称金银花，因其花有黄、白两色而得名。对这种植物的研究发现，白天有蜂类访花，夜间有蛾类昆虫访花。蜂类虽然从花药中移出了较多的花粉，但也消耗了大部分花粉，相对而言采食花蜜的蛾类传粉效率更高，且可将花粉散布得更远，所以金银花通常在黄昏后开花，先让蛾类传粉。

还有一种兰花，在微风吹动下很像一群舞动的蜜蜂。真的蜂群为了保护自己的领地不受侵犯，立即群飞而来，向兰花发起反复攻击。然而它们哪里知道，这种攻击恰恰替植物做了一件最有意义的事：传播花粉。

如果传粉者访问了某种植物的花，却发现没有报酬或报酬已经被其他传粉者取走，传粉者就会留下记忆，转而去寻找其他植物的花，以避免徒劳无功。有些植物会通过花色变化提示传粉者花内报酬的现状。当花被传粉者造访之后，花的颜色发生改变，让新开的、含高报酬的、还未传粉的花更为显眼。这样，不仅传粉者可以提高觅食的效率，未授粉花的访问也得到了保证，植物因此受益。

▼ 勤劳的小蜜蜂不仅收获了自己的"甜蜜"，也为花朵传了粉

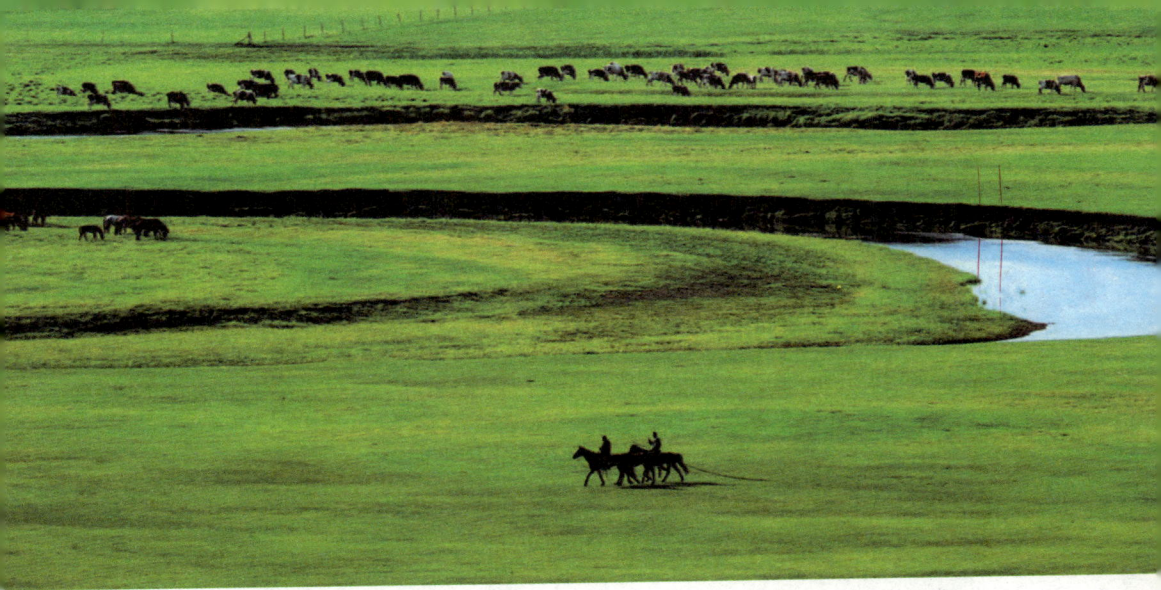

▲ 草原上虽然是茫茫绿色，但树木却很少

# 为什么草原上很少见到树木？

天苍苍，野茫茫，风吹草低见牛羊，为什么是草低？为什么草原上很少见到树？

在草原上，除了灌木丛外，很少能见到高大的树木，这是因为草原上的土壤贫瘠、腐殖层薄，一般只有 20 厘米左右。在这么浅的土层中，高大的树木是很难生长的。另外，土层薄就吸收不了多少水分，加上草原上的风大，水分蒸发快，土壤中的水分很快就散失了。而树木的生长需要大量的水分，在缺少水分的土壤中，树木就难以生存。

草原水甸附近水分充足，但在水分、养分过于充足，温度较低的地方也不适宜树木的生长，因此草原湿地也没有高大的树木。

除了土地原因，还由于草原牧民长期逐水草而居，无固定居住地，传统的生产生活方式使他们没有养成植树造林的习惯。

植物的天地

**19**

# 为什么说"树怕剥皮"?

俗话说："人怕伤心，树怕剥皮。"既然树是靠叶子的光合作用来自我供养的，那树皮被大面积剥掉以后，为什么会导致整棵树木的死亡呢？

原来在树皮中有一层韧皮组织，韧皮组织中有一条条的管道负责运输来自根部的水分、无机盐等各种营养物质。而树皮以内的木质部分其实是由树皮里的细胞死亡后残留的纤维组织构成，基本没有活的细胞组织，只起到一个支撑作用。所以就算树木中间的木质部分没有了，只要树皮还在，就不会影响到营养物质的传递，树木仍能正常生长。如果树皮被大面积剥掉，韧皮部受损，树根会因得不到有机养分而死亡，从而导致整棵树的死亡。

▼ 树皮可为树木输送水分等营养物质，树不怕空心，最怕剥皮

# 树干为什么都是圆柱形的？

  无论是哪种树，它们都有一个共同点：树干总是圆柱形的。那树干为什么都呈圆柱形呢？

  圆柱形树干可以说是大自然的杰作，体现了自然造物的神奇。

  我们知道在周长相同的情况下，圆的面积比其他任何形状的面积都大。所以，圆柱形树干输送水分和养料的能力就大，有利于树干生长。同样，圆柱形的容积也最大，它具有最大的支持力，硕果累累的果树，挂上成百上千个果实，必须有强有力的树干支撑，因此树干呈圆柱形是最适宜的。

  再有，圆柱形树干可以防止损伤。若树干是圆柱形以外的形状，就会有棱角和平面，而棱角最容易碰伤，平面又容易摩擦，若树皮经常受损就会影响到树木的生长。而圆柱形的树干，即便受损也是局部，其他部位树皮照样可以输送水分和营养，不会影响树木的生长。

  圆柱形树干还可以有效对抗风暴袭击。因为任何方向吹来的风都会沿着圆面的切线方向掠过，树干承受的风力就大大减小，这样树干被刮倒、刮断的可能性就大大降低。

▲ 自然界中的树木，其树干、树枝都是圆柱形的

植物的天地

## 植物的叶脉有什么用处？

每一片叶子上都分布着粗细不均的叶脉，这些叶脉对于植物到底有什么用呢？其实，植物的叶脉就像我们人类的血管，而且作用和血管也十分相似。当植物的根从土壤中吸收到水分和营养，那么叶脉就会把它们输送到其他各部位，以满足植物对营养物质的需求，保证植物的正常生长发育。此外，叶脉还有一个重要作用，那就是充当骨干，支撑树叶。如果没有叶脉，树叶就会耷拉着脑袋，挤凑在一起，见不到阳光，停止生长。

▲ 叶脉

## 植物的叶子也能吸收肥料吗？

大家都知道，植物所需要的无机养分是靠根来吸收的，但是你知道吗，叶子也能吸收肥料。其实，叶子要进行光合作用、呼吸、气体交换，都是因为叶面上有气孔。如果我们把肥料喷到叶子上，那么肥料便会被长在植物身上的特殊"嘴巴"——气孔吃进去。等肥料进入细胞组织之后，会借助细胞间的运输能力传送到植物体内的其他部位。通过实验发现，把含放射性元素的肥料喷到叶面上，几天之内便可到达根部，而且肥料利用率高，用量少。

# 树梢上的叶子为什么总是最后落下？

对自然界如果充满了好奇，你会在深秋时节发现，最后落下的一定是树梢的叶子，这是什么原因呢？

树木在成长中，为了不断向上发展以开枝展叶，便会把许多养分往上输送至枝干及树梢，当枝梢获取到充足的养分后，就会不断抽枝长叶，同时利用叶子制造新的养料。天气变冷时，树木的生长会变得迟缓，内部养料供应也受到限制，加上叶子制造养料的功能也开始退化，为了保持内部平衡，减少多余负担，靠近主干也就是最早长出的老叶会最先落下。

树梢因为一向得到最多的养料，所以尽管树木提供的养料越来越少，树梢仍能靠之前积存的养料撑一段时间。另外，树梢的叶子总能见到充足的阳光，叶绿素未完全破坏时仍可制造些许养分维持其生存。所以，由于养料充足，树梢的叶子往往是最晚掉落的。

▶ 树梢的叶子总是最后落下

植物的天地

23

▲ 不仅人类，动物和植物也是音乐的爱好者

## 为什么听音乐的植物长得更快、更强壮？

　　动物因为有耳朵，所以能听到声音，而对于音乐的喜欢是因为这是一种有一定频率的声音，可植物是没耳朵的，它们能感受到音乐频率的和谐之美吗？法国植物学家兼音乐家特哈默通过试验证实，植物对音乐也相当敏感。他通过给番茄树每天弹奏 3 分钟的特定曲目，使得该树的生长速度提高了 2.5 倍，而且长出的番茄既甜又耐虫害。

　　科学研究表明，音乐是一种有节奏的弹性机械波，它的能量在介质中传播时，还会产生一些化学效应和热效应。当音乐对植物细胞产生刺激后，会促使细胞内的养分受到声波振荡而分解，让它们在植物体内更有效地输送和吸收。这一切都有助于植物的生长发育并使其增产。如在一般情况下，苹果树中的养料输送速度是每小时平均几厘米，在和谐的钢琴曲刺激下，速度可提高到每小时 1 米以上。

# 苔藓是天然的环境监测仪吗？

苔藓分布很广，一般只要是潮湿的环境都可以找到它们。它们长得都不大，而且大多数种类的构造都很简单，叶片没有保护层，很容易受到外界气体入侵。一般如果空气中的二氧化氯浓度超过千万分之五，苔藓的叶子就会变成黄色或黑褐色，并在几十个小时后干枯死亡。所以说，在环境污染监测中，苔藓是天然的环境监测仪。

▼ 苔藓喜欢生活在阴湿的环境里

植物的天地

25

# 苔藓类植物是"植物王国的拓荒者"吗？

在植物界里，苔藓植物同地衣、蓝藻一起被称为"拓荒者"。如果没有这些"拓荒者"，地球上的沙地、荒漠和岩层等，将永远裸露。苔藓就仿佛是大自然的一张张绿茵茵的地毯和壁毯。

苔藓植物是高等植物中唯一没有维管束的一类，所以植物体都很矮小，一般不超过 10 厘米。根据植物体的结构可分为苔类和藓类：苔类包括角苔、地钱和叶苔，是苔藓植物中比较低级的种类，一般没有茎、叶和输导组织的分化，形态简单，只有扁平的叶状体；藓类比苔类高级，包括泥炭藓、大金发藓等，植物体已有茎、叶的分化，但没有真正的根，只有毛发状的假根伸入土中，以固定植株、吸收水分和溶解于水中的无机盐。

▼ 腐木是苔藓生长的温床

▲ 在湿热森林中总能看到苔藓植物

　　苔藓植物少数生长在比较干燥的岩石上，多数生长在阴湿的环境中，如森林下的土壤表面、树干和树枝上、沼泽和溪边、墙脚湿地及多云雾的山地。森林是最适合苔藓植物繁茂生长的场所。那这些古老的拓荒者是怎样开始一步步装扮我们的地球的呢？由于这些植物能分泌出一种逐渐溶解岩石面的酸性物质，加上这些植物在枯死后分解出的有机质等，长年累月便逐渐形成一层土壤，为后来的植物提供了生长条件。在"开拓"沼泽方面，由于苔藓植物生长速度快，吸水能力强，往往能把沼泽地里的积水吸干，其死后的遗体又能填平低地，并且不断地向沼泽中心扩展，不断引导着草本、木本植物到此安家。就这样，经过日积月累的开拓，它们终于为大地织好了"绿衣"。

植物的天地

# 植物也会睡觉吗？

　　植物不是人，不是动物，那么它们会不会睡觉呢？其实，植物也会睡觉。白天，植物的叶子全部伸开，接受太阳照射；晚上，植物的叶子便收拢在一起，这就是休息，也就是睡觉。植物睡觉可以防御寒冷，是自我保护的一种好办法。

▼ 兰花的叶子也是晚上休息

▲ 鸟可以把某种种子携带到停留的树上

## 植物是怎样飞上大树的？

　　大多数植物都是在泥土中生长的，可是，有些植物却会长到大树上去。植物又没有脚，难道它们会飞上去吗？其实，这是小鸟做的"好事"。小鸟在采食了植物的果实后，飞到树上休息。植物的种子在小鸟的肚子里并没有被消化掉，于是便随着鸟粪落在大树枝上，然后就在树枝上发芽、生长起来，鸟粪便成了植物生长的养料了！

# 为什么植物知道春天来了？

有植物学家认为，植物能从气温的升高感知季节的变化，但是如果仅取决于这一点，那么，植物就会把严冬季节中几天短暂的回暖误认为是春天来了。所以，另有一些植物学家认为，植物是依据千变万化的环境信息来确定时令的，而且不同植物，甚至同一植物的不同部分，可能会对不同的信息有反应。

许多树的胚芽必须在积累了一定的"冷量"之后才能对气温升高或者日照变长等代表春天的信息有反应。例如，不同品种的苹果胚芽需要在接近冰点的气温下度过 1000 ～ 1400 个小时不等。科学家已经发现，如果一棵丁香树上只有 1 个胚芽积累了足够的冷量，那么，就只有这一个芽会开花。而光周期现象，是许多植物年年都在同一时间开花的原因。也就是说，当植物的叶片感受了它所合适的昼夜长度周期后，叶片就会分泌出促使形成花芽的物质，并随光合产物输送到花的生长点。接到这个信息之后，植物就会在春天吐出花蕾。

◀ 植物可以感知春天的到来

# part 2

# 果实和种子

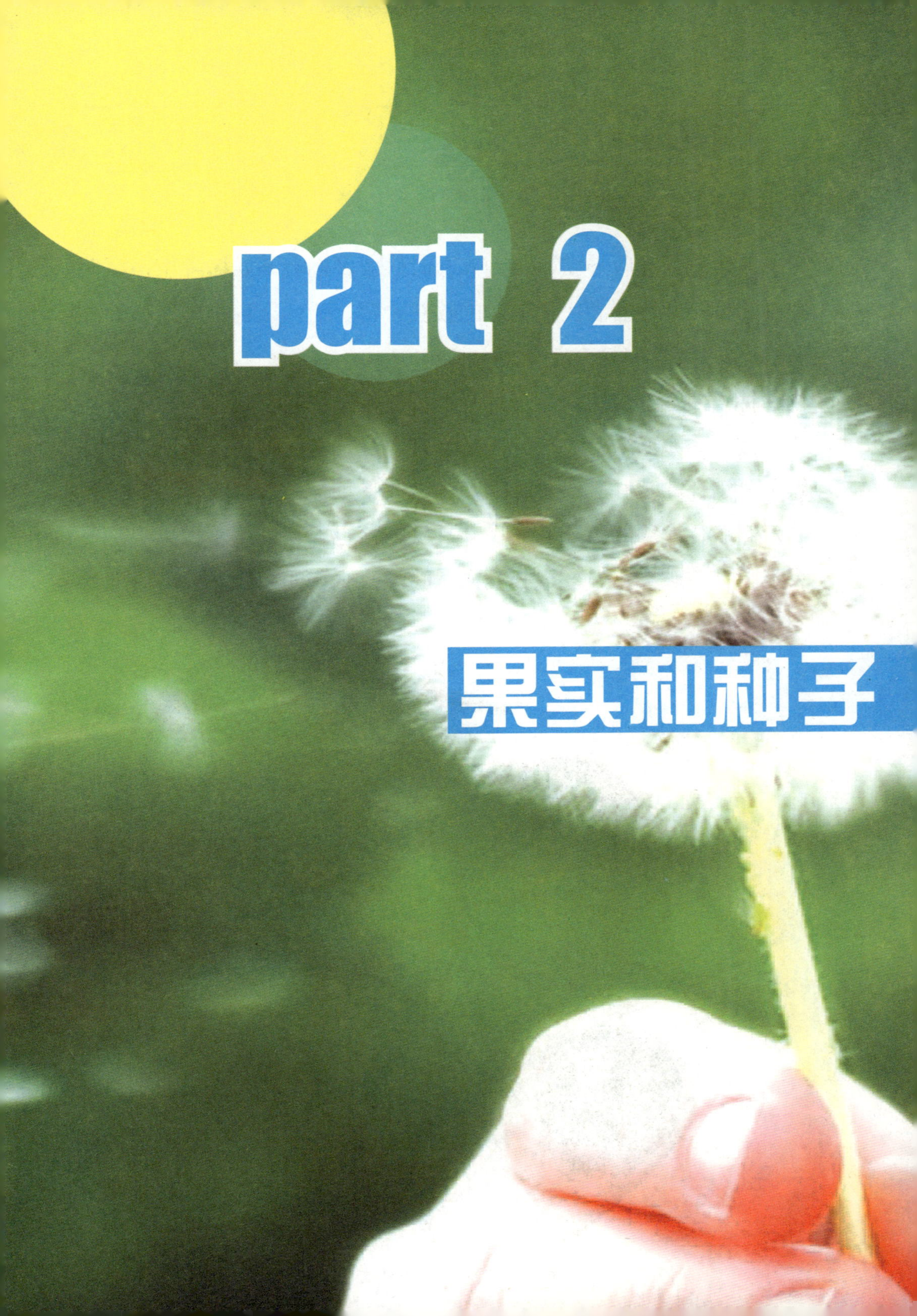

## 播种时要选择什么样的种子？

　　春耕夏耘秋收冬藏，每到春暖时候农民们就开始播种了，粒大饱满的种子承载着农民们一年的收获希望。为什么种子要选粒大饱满的呢？

　　种子由三部分组成，一部分为种皮，保护胚与胚乳，一部分为胚，核心的东西；另一部分为胚乳，提供营养。种子开始发芽的时候主要消耗的是胚乳或子叶的营养，如果种子粒大饱满，说明子叶的营养多，发芽的可能性大，并且发的芽也容易成活。种子干瘪要么是胚乳被破坏了，要么胚乳或子叶部分少，即使能发芽，后期营养不足也不能茁壮成长。

▲ 种子一定要选择粒大饱满的

## 最高等的植物是哪类植物?

种子植物是植物界进化最完全的种类，是现今地球表面绿色的主体。种子植物可分为裸子植物和被子植物。裸子植物的种子裸露着，其外层没有果皮包被。被子植物种子的外层有果皮包被。被子植物是最高等的植物。

被子植物自新生代以来，在地球上占有绝对优势。现知被子植物共1万多属，20多万种，占植物界的一半。与裸子植物相比，被子植物有5个进化特征：

（1）具有真正的花；

（2）具雌蕊；

（3）具双受精现象；

（4）孢子体高度发达；

（5）配子体进一步退化。

▲ 被子植物——黄豆

被子植物的这些特征，使其具有广泛的适应性，在生存竞争、自然选择的矛盾斗争中，被子植物还不断产生变异，产生新的物种。被子植物的产生，使地球上第一次出现色彩鲜艳、类型繁多、花果丰茂的景象，随着被子植物花的形态的发展，果实和种子中高能量产物的贮存，使得直接或间接地依赖植物为生的动物界（尤其是昆虫、鸟类和哺乳类）获得了相应的发展，迅速地繁盛起来。

果实和种子

# 植物的种子是"大力士"吗?

种子在萌发过程中充满着巨大的活力，它们不仅能破土而出，即便掉在悬崖峭壁上，它们也能排除各种障碍，啃裂石头、钻进石隙，长成一棵盘根错节的大树。曾经有人利用种子的力量解决了一个难题。曾有几位生理学家和医生，他们为了研究骷髅头骨，想方设法要把头骨完整地分开来，但刀和锯子都没法将之切开，锤和斧则只会将它击碎。怎么办呢？最终，他们找到了方法，那就是把一些植物的种子放在要剖析的头盖骨里，给予适当的温度和湿度，使种子发芽。一发芽，这些种子便以可怕的力量，将一切机械力所不能分开的骨骼，完整地分开了。

即便被压在瓦砾和石块下面的一棵小草，为了获得阳光、为了生长，不管上面的石块如何重，石块与石块之间如何狭窄，它总能顽强地长出地面。不管在何种地方，只要有植物的种子扎下了根，就总能推开任何阻碍。

◀ 无论岩石还是瓦砾，都阻挡不了种子的力量

# 世界上种子最大和最小的植物是什么？

被子植物种类繁多，它们的种子也各式各样，目前种子最大的植物当数复椰子树，种子最小的当数斑叶兰。

复椰子树生长在非洲东部，树高 15 ～ 30 米，树干通直，直径约 30 厘米，复椰子树的果实也像椰子一样，果皮是由海绵状纤维组成的。去了这个纤维就能见到有硬壳的内核，即所称的种子。复椰子树的种子是植物界最大的种子，一粒复椰子树的种子长达 50 厘米，中间有一道沟，好像两个椰子合起来一样，其质量超过 5 千克。这样大的果实成长期也很长，复椰子的雌花从授粉到果实成熟需要 10 ～ 13 年之久，种子发芽期也需 3 年，而且要求烈日照晒。

斑叶兰为兰科，属多年生草本植物。它的种子小得简直像灰尘一样，5 万粒种子只有 0.025 克重，1 亿粒斑叶兰种子才 50 克重。人们至今还没有发现比这更小的种子。因种子太小，几乎不太可能由种子萌发来繁殖，一般都只能分株繁殖，这也就导致了斑叶兰数量的稀少。

◀ 复椰子

果实和种子

## 什么样的环境可以让种子寿命更长？

　　一粒种子，撒向大地，生根、发芽、开花、结果，寄托着农民的希望。种子因素能占农作物增产影响因素的 50% 以上，因此种子要妥善保存，低温、干燥是保存种子的必备条件。

　　温度能影响种子的呼吸作用。一般而言，在一定的温度范围内，呼吸强度随着温度的升高而增强。含水量多，种子的呼吸作用强；含水量少，种子的呼吸作用弱。种子的呼吸作用需要消耗氧气，氧气多呼吸作用强，氧气少呼吸作用弱。根据温度、水、氧气对呼吸强度的影响，种子的贮存应该选择低温、干燥、少氧的条件，这样可以降低种子的呼吸作用，减少有机物的消耗，延长种子寿命。若在充足的水分、空气和适宜的温度条件下，呼吸作用强，这样不仅消耗种子大量的贮存物质，同时还放出热量，加速蛋白质的变形，就会缩短种子的寿命。

◀ 低温、干燥是贮藏种子的关键

# 为什么植物的种子会"休眠"？

有些植物的种子在外界温度、水分、氧气等条件适宜的情况下，也不能及时萌发。成熟的种子，必须经过一段时间以后才能萌发的特性叫种子的休眠。种子为什么会休眠呢？科学家发现，其有如下几种原因。

1. 有些植物的种子种皮坚硬致密，很难透水、透气，因此在条件适宜的情况下也不萌发，如皂角、莲的种子就属于这种情况。

▲ 种子休眠是植物进化中形成的一种自我保护方式

2. 有些果实的果肉、果汁或种皮里含有对生长起抑制作用的物质，如番茄、柑橘、瓜类含有有机盐、植物碱；蚕豆种皮含有单宁；桃、杏种子含有可释放氢氰酸的苦杏仁苷。这类种子只有脱离果实，消除抑制物质的影响后才能萌发。

3. 有些种子虽然脱离了植物体，但是种子的胚还没有发育成熟（如银杏），这一现象称为种子的后熟作用。对于胚没有发育成熟的种子，可以采用低温沙藏法进行处理（一般在 0 ~ 6℃条件下经过数周或数月才能萌发）。一般而言，热带地区气候条件比较温和，常年都有适合种子发芽和幼苗生长的环境，种子多数具有易发芽的特性，休眠期普遍较短或没有休眠期。在北方地区由于冷暖交替，气候条件多变，种子都具有一定的休眠期，这样就可避免受到冬天严寒的伤害。因此，种子休眠是一种抵抗不良条件的适应性，这是植物长期进化中形成的一种自我保护方式。

果实和种子

## 为什么植物的果实大都是种子？

　　植物的果实大多都是它们的种子，如花生、小麦、玉米等，一些肉质果实如桃、杏等其种子被包含于果实当中。为什么植物的果实大都是种子呢？

　　这是自然选择的结果。果实中大多有种子，是为了诱惑采食者，通过采食活动达到传播种子的目的。一些水果如桃、苹果、樱桃等在成熟的时候还会变色，由之前的青色变为红色、紫色等较鲜艳的颜色，除了成熟后体内色素的变化外，这也是植物进化的结果。鲜艳的颜色更能引起人类、鸟类等的注意，只有采食者的青睐，它们的果实才有可能被带到远方，肉质部分被食用后，才能有利于种子的传播和萌发。

▲ 桃、杏的种子就包含于果实当中

## 为什么水果的种子不会在水果中萌芽？

　　为什么水果的种子在水果中不会萌芽？原因有很多。其一，柿子、葡萄等水果的种子，必须经过一段低温时期才会发芽，所以在春天之前，这些水果的种子是不会发芽的。其二，种子必须经过一段时间才会成熟。"成熟"这个字眼看起来好像很简单，其实它的过程却是很复杂的。如许多青色果实或种子，都含有大量的氰酸，这种氰酸会阻碍植物的呼吸，抑制种子的发芽。此外，还有许多因素的性质与氰酸相同，会阻碍种子发芽，所以，水果的种子不会在水果中萌芽。

种子的发芽需要很多条件 ▶

## 植物可以利用人和动物传播种子吗？

鬼针草、苍耳等植物的种子上长着钩或者刺，它们的种子经常会附着在动物的皮毛和人的衣服上。其实这也是植物传播种子的一种方式。

这些植物的种子就是专门靠人或动物来传播的，这些种子一旦附着到动物或人的身上，就会被带走。如果遇到适合生长的环境，到了第二年春天，就会长出新的幼苗。

◀ 苍耳依靠附着在动物或人的身体、衣服上进行传播

果实和种子

# 为什么会瓜熟蒂落？

"瓜熟蒂落"作为一个成语广为人知，指瓜熟了瓜蒂会自然脱落。事实上，在自然界中确实如此。为什么瓜熟了的时候会"蒂落"呢？

原来，果实成熟的时候，在瓜果的底部或者果柄上会出现一个特殊的结构，叫"离层"。由于果实成熟后，植物体内的物质发生变化，离层细胞会产生分解酶，使细胞壁的中胶层分解，从而使细胞彼此分离开来或者使细胞壁分解。这样果柄部原来吸得比较紧的植物细胞发生分离，再加上果实本身的重力和风等其他力的作用，就会在"离层"处断裂，造成落果现象。

▼ 瓜熟蒂落是一种自然现象

## 你知道花生的果实长在哪里吗？

在植物王国里，花生是独有的地上开花、地下结果的植物，而且一定要在黑暗的土壤环境中才能结出果实，所以人们又称它为"落花生"。

地上开花，地下结果是花生所固有的一种遗传特性，也是对特殊环境长期适应的结果。地上开花是为了授粉，当花朵授粉后，子房基部的子房柄不断伸长，从枯萎的花管内长出一根果针，果针迅速地纵向伸长，之后会入土生长，入土 5～6 厘米时，子房开始膨大，逐渐长成果实。

花生结果时喜黑暗、湿润和有机械刺激的生态环境。这些因素已成为荚果生长发育不可缺少的条件。因而，为了生存和传种，它只有把子房伸入土壤中去结果实。如果子房柄因土面板结而不能入土，子房就在土上枯萎。为此，落花生要栽植在沙质土壤里，并需要及时进行中耕，多次进行培土，以便它的果实在黑暗中形成。

▲ 花生的果实长在泥土中

果实和种子

## 怎样保持杂交种子的最优状态？

在农作物种子中，玉米、水稻是应用最成功的杂交种。杂交种虽然有很强的增产优势，但必须年年制种，以保证种子的稳定性。

以玉米为例，玉米使用的是杂交种 AAaa，杂交 Aa 即为第一代种子。第一代种子生长表现性状一致，按照一般遗传规律，它产生的种子有三种 AA：Aa：aa=1：2：1，表现性状不一。若用第二代杂交种进行种植就会发生没有纯双亲配合优势，也就是说不能保证增产优势的多亲本的串花，会影响产量。因此，需要每年采用第一代杂交种，这就要求种子生产行业每年制种，生产纯度高的杂交一代种子供应生产。

▼ 玉米需要年年制种

# 为什么玉米长"胡须"？

其实，玉米的胡须是玉米花丝。我们知道，玉米是雌雄同体的植物，雄花的花粉落到雌花上，受精后每朵小花都会发育成一颗玉米粒，而花丝就成了我们见到的胡须了。

▼ 玉米须

▼ 豌豆

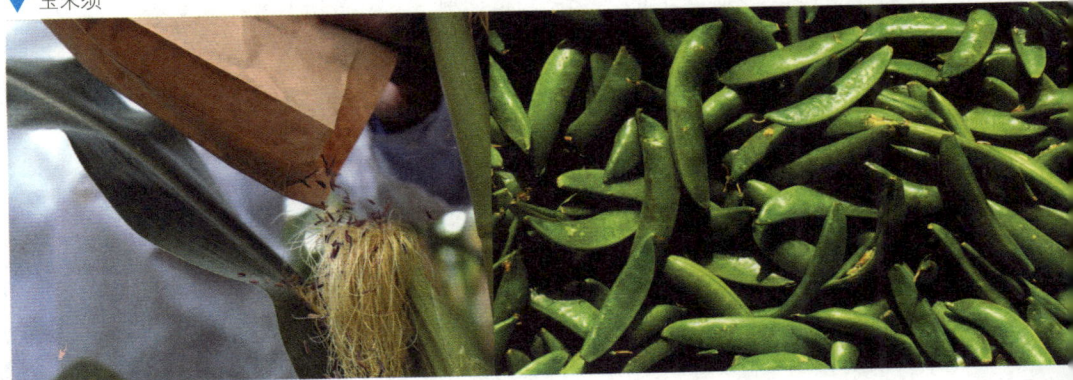

## 为什么豌豆特别适宜做杂交试验？

豌豆特别适宜做杂交试验，是因为豌豆是自花传粉植物，它是闭花授粉，能避免外来花粉的干扰。

两性花的花粉，落到同一朵花的雌蕊柱头上的过程，叫作自花传粉。豌豆花的结构很适合自花传粉，这是因为呈蝶形的花冠中，有一对花瓣始终紧紧地包裹着雄蕊和雌蕊。而且豌豆花也是闭花传粉植物，在豌豆花未开放时，就已经完成了授粉，避免了外来花粉的干扰。所以豌豆在自然状态下一般都是纯种，用豌豆做人工杂交实验，结果既可靠又容易分析。

果实和种子

## 蒲公英是如何传播种子的？

　　蒲公英是菊科植物，我们看到的蒲公英的花实际是个头状花序，由很多的小花组成。经过授粉之后，里面的种子慢慢成熟，每一颗种子上都带着一团白色的小茸毛，这些小茸毛叫冠毛。蒲公英成熟时冠毛展开，像一把降落伞，随风飘扬。通过风这一媒介，蒲公英的种子就可以传播到很远的地方，且不会因密集而影响生长。种子落地后，遇到合适的条件，就长成了一株新的蒲公英。

▼ 蒲公英依靠风力传播种子

## 柳树的种子长什么样？

柳絮即是柳树的种子，上面有白色茸毛，随风飞散如飘絮，所以被称为柳絮。柳树属于风媒花，即利用风力作为传粉媒介的花。风媒花的种子一般较轻，所以会随风飘散。柳树的种子上长有长长的白色茸毛，增加了种子的浮力，以便于风力传播。

▲ 柳絮

## 苹果树为什么不用苹果籽进行繁殖？

吃苹果最后剩下的苹果核中有几个黑色、褐色的小籽，这就是苹果的种子。但是有苹果种植经验的人都知道，苹果树通常都需要嫁接才能长出又大又甜的苹果。为什么苹果树需要嫁接，而不能用苹果籽长出的幼苗直接繁殖呢？

成熟的苹果籽在适宜的条件下是可以长成苹果树的。由苹果籽直接长出的幼苗被称为实生苗。实生苗具有生长旺盛、根系发达、寿命较长等特点，但苹果树用实生苗繁殖时，由于后代个体间性状分离，不能获得品质一致的产品，加之实生苗果树的童期较长，进入结果期较晚（从种到收，要好几年），因此绝大多数用嫁接苗生产。

◀ 苹果的种子就在它的果实中

# 黄豆是如何传播种子的?

黄豆、黑豆等大豆的果实为荚果，果实开裂方式为二裂。当大豆成熟并干硬到一定程度时，荚果的两片会突然炸开、卷曲，依靠自身的这种弹力将种子弹出，从而达到传播种子的目的。大豆传播种子的方式属于弹射传播。

▲ 黄豆依靠豆荚炸裂，将种子弹射出去

# 为什么夏季多雨瓜果就不太甜?

夏季是瓜果丰收的季节，但不知你是否注意到，若夏季雨水多，西瓜、甜瓜等水果就不如雨水少的季节甜，这其中存在怎样的科学道理呢?

瓜果中除了水分之外，主要就是糖分了，这些糖分主要通过叶片的光合作用而产生。在光照充足的情况下，叶子就能通过阳光制造出很多糖分，多余的都贮藏在瓜果里。在瓜果生长过程中，若阴天或雨水较多，没有足够的阳光，叶子就不能进行光合作用制造糖分，所以瓜果就不怎么甜了。

◀ 夏季若雨水多，光照就减少了，瓜果糖分少，所以就不是很甜了

## 为什么新疆的哈密瓜特别甜？

哈密瓜是甜瓜中的优良品种，味甜、果实大，其中以新疆哈密所产最为著名。哈密瓜在其他地方也有种植，但都不如新疆产的甜美可口，这是为什么呢？

▲ 哈密瓜有多个品种，其中以新疆哈密所产最甜

新疆的哈密瓜之所以特别甜主要是因为其特殊的生长环境。新疆气候干燥，白天日照时间长、温度高，光合作用强，瓜果产生的有机物多。而晚上温度低，与白天温差较大，植物的呼吸作用减弱，消耗的有机物较少。所以瓜的液泡中储存的水分、细胞核中的有机物就多，糖分含量也就高。因此，瓜就特别甜。

## 为什么黄瓜有时会变苦？

翠绿的黄瓜在夏季是很多人的最爱，无论炒食还是生吃都带着一股淡淡的清香。但有的黄瓜根部却有浓重的苦味，为什么黄瓜有时会变苦呢？

黄瓜的苦味是由瓜内含有的一种叫苦味素的物质产生的。苦味素多存在于近果梗的部位，而尖端较少，所以往往黄瓜的根部更苦一些。黄瓜的苦味有无和轻重因品种不同而不同。一般叶色深绿的品种比叶色浅的品种更容易出现苦味瓜。同样的品种有时候因为水分不足、肥料缺乏或者光照不足、温度不适宜等也会出现苦味。如光照不足时，植株的光合能力弱，光合产物少会导致植株营养不良、长势衰弱，这样就容易使苦味素形成和积累，黄瓜就有了一股苦味。

果实和种子

**47**

## 黄瓜的种子要洗净才会发芽吗？

因为黄瓜的汁液里含有某些对生长起抑制作用的植物碱、有机酸等，它们有抑制种子发芽的作用。黄瓜种子在清洗掉这层汁液后，更易获得氧气等物质，有利于其接受外界刺激而打破休眠，加快种子的萌发。

▲ 黄瓜子

## 为什么香蕉不能在低温下保存？

北方天气转暖后，热带水果也越来越多，火龙果、芒果、香蕉等都十分受欢迎。可是，这些水果买回家后一旦放进冰箱，没几天就开始出现黑斑，这是怎么回事呢？

其实，热带水果不适宜放在冰箱中冷藏，这与它们的生长地区和气候有关。一般来说，在温暖地区，尤其是夏季栽培生长的水果，比在气候较冷的地区和秋季栽培生长的水果耐低温的能力要差。一些温带水果如苹果、梨、葡萄等在冰箱中可起到保鲜的作用，而香蕉、芒果等热带水果在冰箱中储存，其果皮就会变黑，甚至被冻伤。日常生活中，热带水果最好放在避光、阴凉的地方贮藏。一些未成熟的颜色发青的香蕉耐寒性更差，若放于冰箱中不仅不能正常成熟，还会因腐烂而无法食用。

◀ 香蕉

## 为什么香蕉里看不到种子?

很多水果的种子都包含在果实中,但吃掉香蕉果肉,我们只看到了香蕉皮,香蕉的种子在哪里呢?

其实,我们现在吃的香蕉是经过长期的人工选择、培育后的品种。原来的野生香蕉也有一粒粒很硬的种子,吃的时候不方便。后来在人工栽培、选择下,香蕉逐渐改变了结硬种子的本性,形成了没有繁殖能力的三倍体(三倍体是由二倍体和四倍体杂交来的,由于染色体数目是6,在减数分裂的时候发生联会紊乱,无法形成配子,就不能生成种子)植物。现在香蕉中那一排排褐色的小点就是已经退化的种子。由于香蕉的种子退化了,人们常通过吸芽进行香蕉繁殖,通过香蕉地下的根蘖(从根上长出不定芽伸出地面而形成的小植株)幼芽来培育它的后代。

## 水果成熟后为什么会变软、变甜?

柿子、苹果、橘子等很多水果在未成熟时颜色发青、味道酸涩,可在成熟之后就会变软、变甜。特别是柿子,黄澄澄的大柿子有时候会软到拿不起来。为什么水果成熟后会变软、变甜呢?

肉质果实在生长过程中不断积累有机物,这些有机物大部分是从营养器官运送来的,但也有一部分是果实本身制造的,因为幼果果皮中往往含有叶绿体,可以进行光合作用。当果实长到应有的大小

果实和种子

**49**

时，果肉贮有大量有机养料，但是此时的果实是硬、酸、涩的。到成熟后期，果实中的淀粉、有机酸等被水解变为可溶性糖。可溶性糖的增加，是果实变甜的原因。

果实未成熟时较硬是因为细胞之间有果胶，细胞排列紧密；成熟后，果胶在果胶酶的作用下分解，细胞游离，因此由硬变软。

▲ 柿子、苹果成熟后往往就会变软

## 为什么梨吃起来会沙沙响？

你吃梨的时候听到过"沙沙"的声音吗？有没有想过那是什么原因呢？

梨是蔷薇科梨属植物。它有一个特点，果肉内含有大量的石细胞。石细胞是一种坚硬的细胞，其细胞壁具有加厚的木质化的次生壁，有无数的单纹孔，是厚壁组织，可使组织坚硬，并有支持功能。

梨果肉中的石细胞属于短石细胞类型，形状近圆形，大小50～70微米，壁厚10～15微米，常显出树枝状的纹孔。它们在果肉中，有的单个存在，有的形成簇。一般一簇石细胞数量有几个至上百个不等。我们在果肉中看到的一些白色细小的颗粒，就是成簇的石细胞。吃梨的沙沙声就是石细胞的摩擦声。

◀ 梨

## 菠萝为什么要用盐水泡一下再吃？

金黄色的菠萝果肉香甜多汁，是很多人喜爱的美味水果。但是人们在吃的时候却要把它切成小块放在盐水里泡上一段时间，这是为什么呢？

菠萝的果肉除富含维生素 C、糖分和有机酸外，还含有一种"菠萝酶"，这种酶能够分解蛋白质，对人的口腔黏膜和嘴唇的幼嫩表皮有刺激作用，会使我们有一种麻、刺痛的感觉。而食盐能抑制菠萝酶的活力，因此，在我们吃鲜菠萝时，可以先用盐水泡上一段时间，从而抑制菠萝酶对我们口腔黏膜和嘴唇的刺激。同时，在盐水中泡过的菠萝，口感也会更加香甜。

▲ 用盐水泡过的菠萝，对口腔刺激小些，吃起来也更甜

## 甘蔗最甜的是哪头？

你一定吃过甘蔗吧，那么你知道是根甜，还是梢甜吗？其实，"甘蔗老头甜，越老越新鲜"，这句话就告诉我们，甘蔗上半截没有下半截甜。

一切植物，都有这样的特征——养料除供自身生长外，多余的就贮藏起来，而大多贮藏在根部，且多半是糖和淀粉。甘蔗茎秆制造成的养料绝大部分是糖，所以根部糖分最多。

果实和种子

此外，因为甘蔗叶的蒸腾作用，需要大量水分，所以叶子和梢头总有充足的水分，而根部却水分很少，梢头的大量水分冲淡了其中的糖分，所以梢头没有根部甜。吃甘蔗要吃根，知道原因了吧。

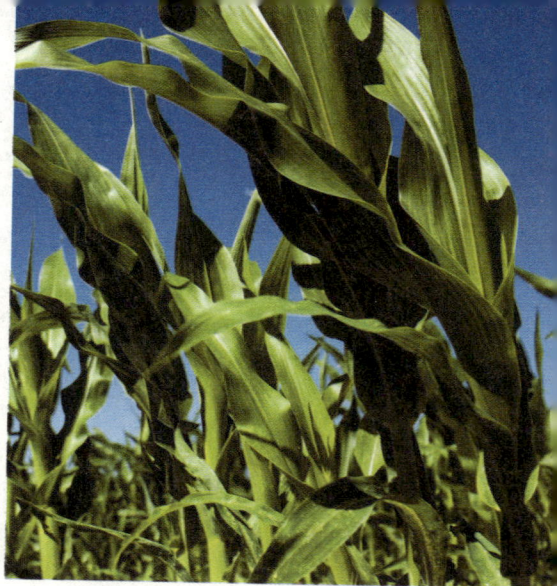

跟甘蔗很像，没结玉米的玉米秸秆也含有一定的糖分，比较甜 ▶

## 松树的果实是松子还是松球？

每当从松树下走过，总能捡到或看到一些塔状的松球，张开的鳞片十分坚硬，偶尔还能从中得到一两个松子。松球和松子到底哪个是松树的果实呢？

松树的果实并不是松球，松子才是松树的种子。

其实，松球只是松树的果穗，果穗是果实聚集在一起形成的穗，松子就在果穗中生长发育。一般松树的雌球花在传粉后，鳞片闭合，球果开始缓慢发育；在受精之后球果才会迅速生长。到第二年的夏末和秋季前后成熟。大多数松树球果成熟后不久鳞片便张开，松子也即松树的种子就迅速脱落（马尾松、油松等）。有少数松树的鳞片张开和种子脱落过程要持续几个月之久。

◀ 松球和松子

# 无籽西瓜是用什么种出来的？

西瓜是炎炎夏日清凉解渴的佳品，随着科技的进步，人们培育出了无籽西瓜。既然没有西瓜子，那无籽西瓜是如何繁殖的呢？

无籽西瓜是用种子种出来的，但这个种子不是无籽西瓜里的种子，而是自然的二倍体西瓜 [西瓜本身就是二倍体，即体内有 2 组染色体（$2^N = 22$），二倍体跟经过诱变产生的四倍体（$4^N = 44$）杂交后形成的三倍体（有 3 个染色体组）] 里的种子。

用四倍体西瓜植株做母本（开花时去雄）、二倍体西瓜植株做父本（取其花粉授四倍体雌蕊上）进行杂交，这样在四倍体西瓜的植株上就能结出三倍体的植株，在开花时，其雌蕊要用正常二倍体西瓜的花粉授粉，以刺激其子房发育成果实。由于胚珠不能发育为种子，而果实则正常发育，所以这种西瓜无籽。

▼ 无籽西瓜也是用种子种出来的

果实和种子

53

# part 3

## 美丽的花朵

▲ 樱花是先开花后长叶

## 为什么有些植物先开花后长叶？

在生活中，也有一些植物是先开花后长叶的，如蜡梅、玉兰、梅花，而毛桃、苹果等，则是叶、花同时出现。这是为什么呢？要说明这个问题，就得从花和叶的结构谈起。一般来说先开花后长叶的植物，它们的花和叶大都在上一年秋天已经长成，只是包在芽里。到了春天，气温逐渐升高，各部分就慢慢生长起来，形成开花长叶的现象。

但是，植物的器官对环境的温度要求有所不同，像桃树的叶芽和花芽对温度要求相差不多，因此花和叶就差不多同时开放；而蜡梅、玉兰则有一些不同，它们的花芽要比叶芽需要的温度低一些，所以花芽先逐渐长大开花，过后叶芽才慢慢长大。因此才有先开花后长叶的现象。

# 一朵花的主要部分是什么？

花柄、花托、花萼、花冠构成了一朵美丽的鲜花。其中花萼（由许多片萼片组成，花开放以前保护花的内部结构）和花冠合称花被。花被中长有雄蕊和雌蕊，雄蕊和雌蕊合称花蕊。雄蕊由花药（里面有花粉）和花丝（支持着花药）组成；雌蕊由柱头、花柱和子房组成，而子房里面有胚珠。花粉落到柱头上以后，经过一些重要的变化，子房发育成果实（子房壁发育成果皮，胚珠发育成种子）。可以说一朵花中，只有花蕊与结出果实的种子有直接关系。所以说，花蕊是一朵花的主要部分。

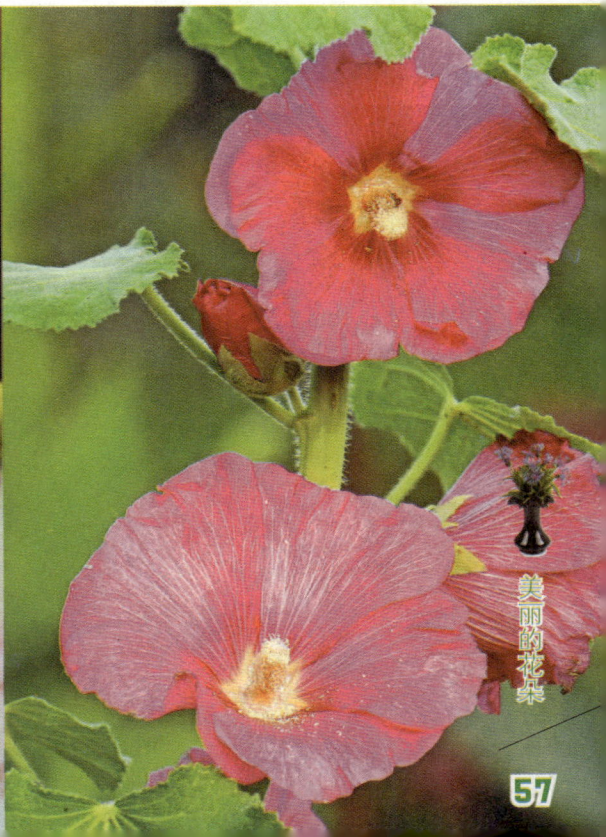

▼ 花蕊是一朵花的主要部分

美丽的花朵

# 花的香味浓淡是由什么决定的？

春夏季节，百花争艳，各色花朵不仅美丽，有的还散发出阵阵花香，令人陶醉。但并不是所有的花儿都能香气四溢，有的植物能开出艳丽的花朵，却并没有浓郁的花香。为什么有的花儿香味浓，有的香味淡呢？

要了解这个问题，首先我们要清楚花香的来源。花瓣可分为表皮、薄壁和维管束三部分。花的香气来自薄壁组织中的许多油细胞，油细胞能分泌出有香气的芳香油，芳香油很容易扩散到空气里，当这些芳香油在空气中扩散后，我们就闻到了花香。由于芳香油在阳光下挥发得很快，所以，骄阳当空时花香最浓。

不过，并不是所有的花儿都有油细胞。虽然如此，它们在细胞新陈代谢过程中却会不断产生芳香油。此外，还有一些花的花瓣细胞里含有一种特殊的物质——苷类。苷类本身没有香味，但当它经过酵素分解的时候却能够散发出芳香的气味来。不同花儿分泌芳香油和分解苷类的能力是不同的，这就使得有的花香浓烈，有的花香清淡。

◀ 花朵的香味可为其引来传粉者

# 花儿为什么是五颜六色的?

百花争艳的场景往往令人眼花缭乱,为什么花儿会五彩缤纷,有各种不同的颜色呢?

这是花朵内含有的多种神秘的色素所致,如花青素、类胡萝卜素、类黄酮等。在橙黄色的花瓣中,含有大量花葵素和类胡萝卜素。花葵素是一种特殊的花青素,如花青素较多而占主导地位时,花色为以红色为主的橙色;如果类胡萝卜素占主导地位时,花色则为以黄色为主的橙色。

▲ 花朵颜色大多都十分鲜艳

白色花给人以高贵、典雅的感觉。但白花的白颜色并不是由并不存在的"白色素"产生的,而是由于花瓣中大量细小的气泡产生的。其实,自然界中并不存在纯白色的花,再白的花也是用肉眼难以察觉的浅黄色的。

黄色花包括了奶油色、象牙色在内的各种层次色彩的花。非常浅的黄色花仅仅含有一种类黄酮色素,颜色较深的黄色则是由类胡萝卜素造成的。

为什么有的花呈粉红色,有的花呈红色,这其实不过取决于花瓣中花青素含量多少而已。花青素含量少者,花朵呈粉红色;花青素含量多者,花朵呈红色。

美丽的花朵

## 香花为什么不艳?

大自然中的花朵,通常都是"艳花不香,香花不艳",其实这是物种适应进化的结果。对植物来说,花的色彩和香味都是用来引诱昆虫传粉的手段。而昆虫对花朵的要求,有的只认颜色,有的只凭花香。所以,花朵只要满足其中的一种要求,就能传播花粉,繁衍后代。也就是说,艳丽的花朵凭借美丽就能吸引昆虫,不必带香。而素淡的花朵,只用香味就能招惹蜂蝶了。

▲ 颜色鲜艳的小花

## 花粉的寿命有多长?

各类植物花粉的寿命,由其温度与湿度的供应条件决定,并没有一定的寿命长短可言。一般来说,稻子的花粉寿命大概只有5分钟,棉花的花粉则有2~3天的寿命。通常在低温、干燥的情况下,花粉的寿命可以延长。比如苹果花粉,如果条件适当,可有5个月的寿命,而梨花粉甚至有一年的寿命。

把花粉储存在瓶子中,隔一段时间再取出来,在雄花开花的当天进行授粉。新鲜的花粉经过授粉后可以结出果实,而花粉储存时间太久,便逐渐丧失受精能力,用这个方法就能测出花粉的实际寿命。

◀ 棉花

# 为什么黑色的花很少见？

在花朵盛开，百花争艳的季节，人们可尽情欣赏花朵的艳丽，但是在万紫千红的花卉中却很少见到黑色的花朵，这是为什么呢？

经过有关专家长期的观察和实验，终于解开了这个谜。原来太阳光是由七种光组成，分别为红、橙、黄、绿、蓝、靛、紫。它们的波长不同，所含的热量也不同。众所周知，花的组织，尤其是花瓣一般都较柔嫩，易受高温伤害。所以红、橙、黄色的花较多，是因为它们能反射阳光中含热量较多的红光、橙光、黄色光，不致引起灼伤。但黑色花则相反，它可以吸收全部的光波，导致在太阳光下升温快，其花组织容易受到灼伤。

所以，在长期的进化过程中，经过自然法则的选择，黑色花的品种越来越少，所剩无几。有关专家对 4000 多种花进行统计，发现只有 8 种花是黑色的。在植物界黑色花如此之少，使黑色花被园艺家视为名贵品种，成为花中珍品。

▼ 花朵颜色大都非常鲜艳，黑色的花朵十分少见

美丽的花朵

# 蜜蜂为什么能从花中采到蜜?

　　当繁花盛开时，勤劳的蜜蜂就开始忙碌了。有了蜜蜂采蜜，我们才品尝到了蜂蜜的甜美。那花中的蜜是从哪里来的呢? 蜜蜂又是如何采集的?

　　花蜜来自植物的蜜腺，是植物从土壤中吸收的营养和光合作用制造成的，满足了自身生长发育外，多余的就贮存在植物体内。开花时有些营养物质被输送到花部，一部分转化为糖汁，贮存在蜜腺细胞里，另一部分用于形成果实和种子。由于植物的蜜腺细胞中有丰富的营养物质，在适宜条件下，则通过蜜腺表皮分泌到体外而形成花蜜。

　　花蜜的主要成分为蔗糖与水，还有葡萄糖、果糖、维生素、氨基酸、蛋白质等。蜜蜂采集花蜜时，将花蜜一滴滴吸入蜜囊中，每次携带 40 ~ 60 毫克。在蜜蜂体内转化酶的作用下经过 30 分钟的发酵后，蜜蜂回巢后会将花蜜吐出，经过一段时间，水分蒸发，这时花蜜就转化成为水分含量少于 20% 的蜂蜜，被存贮到蜜蜂巢洞中。当养蜂人收割后，我们就可以品尝到甜美的蜂蜜了。

▼ 香甜的花蜜是蜜蜂的主要目标

## 世界上最大的花是什么花？最小的花是哪种？

　　五彩的花朵装扮了地球，也让人类享受到了它们的美艳和芬芳。不同植物的花朵大小不同，世界上目前所知最大的花是泰坦魔芋，最小的则是肉眼都无法观察到的无根萍。

　　泰坦魔芋又称"尸花""尸臭魔芋"，原产于印度尼西亚苏门答腊的热带雨林地区，花朵的直径可达1.5米，高则将近3米，是世界上体型最大的花。由于泰坦魔芋在开花的时候会散发一股类似尸臭的味道，所以它又被称作"世界上最臭的花"。

　　在一般的池塘和稻田里，有一种浮生在水面的水生植物，是浮萍科的无根萍。它没有根也没有叶，形状似小球，长约1毫米，宽不到1毫米，可以穿过针孔。这样小的植物，它的花也就更小了。据悉，无根萍花的直径只有0.1～0.2毫米，人的肉眼基本无法看到，如要仔细观察需借助显微镜，可算是世界上最小的花了。

▲ 泰坦魔芋

美丽的花朵

▲ 紫色矢车菊

## 为什么高山上的植物比较矮小？

　　山上空气稀薄，紫外线多，会抑制植物生长的速度，使植物生长缓慢。而到了夜晚，虽然紫外线消失了，但又由于山上气温很低，植物仍不能很快生长。所以，我们在平地上所看到的树木，一旦到了山上，就变得小巧低矮。

# 为什么说牡丹是"花中之王"？

牡丹花花色鲜艳，品种很多，分为红牡丹、紫牡丹、白牡丹、黄牡丹，还有罕见的黑牡丹、绿牡丹等。牡丹花不仅美丽，它的根还是一味很好的药材，所以人们把牡丹称为"花中之王"。牡丹花雍容华贵，寓意吉祥富贵，是美好幸福的象征，是我国的国花。在所有生长牡丹的地区，尤以洛阳牡丹花朵最为硕大，以至成为一道景观。

▼ "国色天香"最早就是用来形容牡丹的

美丽的花朵

## 为什么玫瑰有刺？

　　植物的尖刺，有的是由叶子演变而来，有的则是由枝或表皮变化而来，而玫瑰的刺属于后者，即由枝转变的。以前，有植物学家认为，植物长刺是为了不被动物啄食，但是现在却有人着手推翻这种说法。因为如果植物的尖刺真有这项功能的话，恐怕许多植物都会逐渐变得有刺了。而且根据实际情况来说，这些尖刺甚至连植物的最大敌人——昆虫都抵挡不了，又怎么能阻碍其他动物呢？所以，现在一些植物专家认为：植物有刺是植物本身的性质所造成的。

▼ 玫瑰花

▲ 铁树现今在城市中十分常见，但铁树开花还是比较少见的

# 为什么说铁树开花真稀奇？

　　铁树因树干如铁打般的坚硬、喜欢含铁质的肥料而得名。在民间，关于铁树有这样的俗语："铁树开花，哑人说话""千年的铁树开了花"，从此可想而知，铁树开花是件非常稀奇之事。那么，为什么铁树开花被看作是稀奇事儿呢？

　　铁树原本生长于炎热的热带地区，它常在春夏之际开花，花开在顶上，有的开雄花，有的开雌花，铁树的雄花长得非常大，就好像一根玉米芯一样。刚开的时候是鲜亮的黄色，逐渐成熟后会变成褐色。而雌花也不小，可以跟一个排球一样大，但一株铁树上只开一种花。一般在热带和亚热带气候炎热的地方，树龄在 10 年以上的铁树就可以年年开花结果。而在我国北方，由于气候相对寒冷，铁树耐寒性差，又对环境的温度和湿度要求很高，若环境不如意，铁树便只生长而不能繁殖了。所以，在我国北方，铁树开花是很难见到的，人们也常用"铁树开花"一词来比喻事情非常罕见或极难实现。

美丽的花朵

▲ 昙花

## 为什么昙花只有"一现"？

　　美丽的昙花开放时，外围多是淡红与淡紫色，中间洁白如雪，盛开后比碗口还大。但美丽总是短暂的，昙花一般在晚上8～12时开花，3～4个小时即凋谢，故有"昙花一现"的说法。为什么昙花只是一现呢？

　　昙花是仙人掌科植物，原产于南非、墨西哥等地区，是属于热带沙漠里的旱生性植物。由于沙漠地区白天气温非常高，娇嫩的昙花只有在晚上开放才能避开白天强烈阳光的炙烤，而昙花又属于虫媒花（以昆虫为媒介传授花粉），沙漠地区晚上八九点钟正是昆虫活动频繁之时，所以，此时开花最有利于授粉。因此昙花就选择在这个时间段开放。午夜以后，沙漠地区气温过低，不利于昆虫的活动，就不利于昙花的授粉。昙花开花时间短可以减少水分的流失，所以一般午夜之后昙花就凋谢了。因此要想欣赏美丽的昙花，就只有熬夜等待了。

# 你知道木芙蓉的花一天变几次颜色吗?

桃花红,梨花白,从花开到花落,色彩似乎没有什么变化。但是,在自然界里,有一些花卉的颜色却变化多端。例如:金银花,在初开时色白如银,过一两天后,色黄如金,所以人们叫它金银花。与金银花相比,木芙蓉的花朵颜色可一日三变。

木芙蓉就好像对镜易妆的美女,早晨初现为奶白色;午时粉脸含羞,浮现桃红色;午后至傍晚凋谢时就变为深红色。因花朵一日三变其色,故名醉芙蓉、三醉花,又名"三醉芙蓉"。这种变化看来很玄妙,其实都是花内色素随着温度和酸碱度变化所产生的相应反应。

根据现代科学分析,这是因为花中含有一种"花青素"。这种物质会随土壤的水分、气温及花瓣酸碱度的变化而变化。清晨温度低,水分足,初开的木芙蓉花瓣内主要含无色花青素,所以花色洁白如雪;日出后温度升高,水分蒸发,花青素被日光照射后发生作用,无色花青素逐渐变为花青素,花色逐渐成为桃红色;随着植物呼吸产生的酸使花瓣的酸性逐渐增强,花色最终由桃红转至深红色。

▲ 三醉芙蓉

美丽的花朵

# 夜来香为什么在夜里开花？

"月下的花儿都入梦，只有那夜来香吐露着芬芳"，夜来香一般在太阳落山的时候开花，在午夜时分香气最浓。为什么夜来香总是躲着太阳，在晚上才悄悄开放、散出清香呢？

夜来香晚间开放的特性是它对环境的一种适应。大自然中，其实有很多影响植物习性的因素，夜来香选择在夜间开放，是因为它需要依靠夜间出现的飞蛾传粉。在黑夜里，它凭着散发出来的强烈香气，引诱长翅膀的蛾类前来拜访，为它传递花粉。为了在夜晚开放，夜来香的花瓣构造也与一般白天开花的花瓣不同。夜来香花瓣上的气孔有个特点，一旦空气的湿度大，它就张得大，气孔张大了，蒸发的芳香油就多。夜间虽没有太阳照晒，但空气比白天湿润得多，所以气孔就张大，放出的香气也就特别浓。若在阴雨天，空气湿度更大，夜来香能散发出比晴天时候更浓烈的香气。

▲ 夜来香一般在傍晚时候开放

▲ 菊花

## 菊花为什么在秋天开放？

　　菊花为菊科多年生草本植物，其花瓣呈舌状或筒状，是经长期人工选择培育出的名贵观赏花卉。菊花一般于秋季开放，甚至在深秋季节，菊花仍能华丽绽放。为什么菊花选择在秋季开放呢？这与菊花的生长习性有关。

　　菊花属于短日照植物，光照短于 12 小时才能正常生长开花，且菊花的适应性很强，喜凉，较耐寒，生长适宜温度为 18 ～ 21℃。而在我国北方地区秋天昼短夜长，温度条件也符合菊花的生长需求。因此，菊花一般于秋季开放。若想要菊花提前开放，可用人工的方法遮住阳光，缩短菊花的日照时间，菊花就可在需要的时候开花了。

美丽的花朵

71

## 牵牛花为什么总是在早晨开放？

牵牛花原产热带美洲，在我国各地普遍栽培，为观赏花卉。若细心观察，你会发现牵牛花往往在早晨开放，这其中有什么科学道理吗？

生物的生活习性都是经过长时期的自然进化形成的，但也受周围环境如阳光、温度、湿度的影响。早晨的空气湿润，阳光柔和，对牵牛花最为适宜，这时牵牛花花瓣的上表皮细胞比下表皮细胞生长得快，于是花瓣向外弯曲，这样花就开了。到了中午，阳光强烈，空气干燥，娇嫩的牵牛花因为缺少水分而不得不悄悄地合上小喇叭了。另外，牵牛花属于虫媒花，它需要蜜蜂、蝴蝶来传粉，蜜蜂和蝴蝶习惯在早晨拜访牵牛花，牵牛花也就应时而开了。

▼ 美丽的牵牛花

▲ 攀爬的牵牛花

## 牵牛花为什么能"顺竿爬"？

　　牵牛花是攀缘植物，当幼苗长出来的时候，在旁边插一根竹竿或者竖着拉一根绳子，几天以后，它就会缠绕在竹竿或绳子上，越缠越高，最高能爬几米。如果我们仔细观察会发现，攀爬中的牵牛花，茎上本来凸出的部分，过一段时间就会渐渐凹进去，同时做旋转运动。这是因为牵牛花的身体里含有一种生长素，这种生长素有时能加速细胞的生长，有时又会阻止细胞生长。这种生长素在牵牛花体内分布多少不同，就使茎各部分细胞生长速度不一样。有的时候这边的生长素多了，这边就长得快；有时另一边生长素多了，另一边就长得快。这样就使牵牛花的茎旋转生长，缠绕着竹竿和绳子向上"爬"去。

美丽的花朵

**73**

# 为什么竹子开花后就会死亡？

竹子以其中空、有节、挺拔的特性历来为中国人所称道，成为中国人所推崇的谦虚、有气节、刚直不阿等美德的生动写照。竹子为有花植物，自然要开花结实，但与其他有花植物不同的是竹子开花却是它生命结束的一种征兆。

一般竹子在开花前一年即不长笋，开花后，竹茎一两年内就会干枯死亡，为什么竹子开花后就会死亡呢？对此，科学家给我们做出了解释。

竹子属于一次性开花植物，即一生就开一次花，其特点是：生长前期营养生长占优势，当营养生长达到一定阶段后，生殖生长就渐渐转向优势，最后开花结实。因为开花结实要消耗掉大量的有机养料，而这些养料来自根、茎、叶，所以开花结实后，营养器官中贮存的养料大部分被消耗，竹子不能再生活下去，就逐渐枯死了。一次开花植物小麦和水稻也是如此。竹子开花，使竹鞭和竹茎贮藏的养分被消耗尽，多数种类，如毛竹、梨竹等，开花后地上和地下部分全部枯死。但是，像斑竹、桂竹、雅竹等少数竹种，

◀ 已死亡的竹子

▲ 竹子开花往往是其生命结束的征兆

开花后地上部分死亡，而地下部分的芽仍能复壮更新。也有个别竹种，如水竹、花竹等，开花后植株叶片仍保持绿色，地下部分也不枯死。不过，应尽快砍去花枝，以减少营养消耗，从而保证竹林的正常生长。

竹子开花除由生长寿命所致外，若生长环境恶劣，如严重缺水、营养不足、光合作用减弱等，也会导致竹子的氮素代谢降低，糖浓度相应增高，造成糖氮比较高，这就为花芽的形成和开花创造了条件。因此，为竹子创造适宜的生长环境，就可避免竹林出现意外开花现象。

## 为什么水仙花放在清水里就能活？

水仙属石蒜科水仙属多年生草本植物，水仙花有一棵肥大的球根，称作"鳞茎"。只要把这棵鳞茎放在浅浅的清水中，它就能抽叶、开花。一般植物生长都需要土壤，为什么水仙只要在清水中就能生长？这是因为水仙的鳞茎里早已经储藏着大量的养料，所以我们只需提供一些清水，就能让它开花。若鳞茎饱满充实，水仙就长得茂盛壮实；若鳞茎瘦小干枯，水仙可能

▲ 美丽芬芳的水仙

连花都开不出来。当水仙花开之后，鳞茎的任务就完成了，养分没有了，整株鳞茎就会跟着萎缩起来了。所以，在北方较为寒冷的地区，当水仙鳞茎萎缩之后，水仙就常被丢弃了。但在较温暖的环境中，也有人将开完花的水仙鳞茎进行土栽，加强培养，以使其孕育新的鳞茎。

# 雪莲花为什么能抵抗严寒？

　　植物多数都向阳而生，即便不需要太多的阳光也需要比较温暖的环境。在严寒的环境中往往没有了植物的身影，但雪莲却是植物界的"意外"，它不仅长在高山雪地，还能于冰雪之中开放。雪莲花有什么抗寒秘籍呢？

　　雪莲花形状像莲花，生长在终年积雪的西北天山和西藏的墨脱一带。一般在海拔 4500 ～ 5000 米及以上的乱石滩上。这里石屑成堆、山风强劲、气候瞬息万变，又有强烈的紫外线辐射，是一般植物无法生存的。而雪莲的植株矮而茎短粗，叶子贴地而生，茎和叶片上长着厚厚的长茸毛，花冠外面的膜质苞片上也长着长长的茸毛，这些茸毛能像玻璃暖房一样，透进阳光并把热量留住。像雪莲花这样生长在高山上的野花，还能自己制造"防冻液"。它们的汁液中含有的盐分和其他化学物质多得出奇，在 0℃ 以下的冰天雪地中生长也不会结冰。所以雪莲花能在冰峰雪山上傲然开放。

▼ 美丽的雪莲花

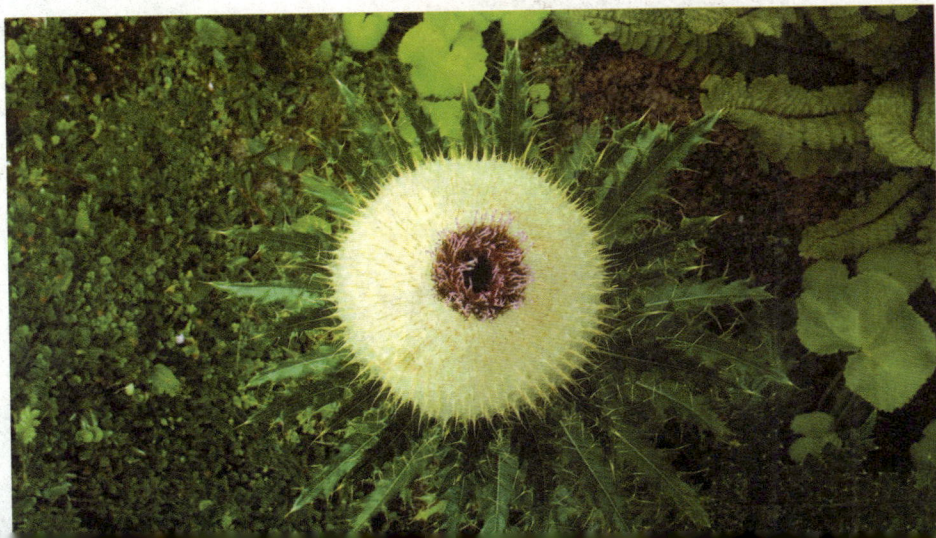

## 曼陀罗为什么又被称为"东方麻醉剂"？

曼陀罗又叫曼荼罗、醉心花、大喇叭花，为一年生草本植物。曼陀罗之所以被称为"东方麻醉剂"是因为其所含药用成分有很强的镇静效果。

曼陀罗花、根、果实等含有的天仙子碱等生物碱，具有很强的镇静效果，曼陀罗中所含药用成分可使肌肉松弛，汗腺分泌受抑制，因此古人将用此花制作的麻醉药取名为"蒙汗药"。根据现代对毒药的分类，曼陀罗花（花的干品）为剧毒，花朵颜色很多，有黑绿、粉、白等，药用多用白色的。中药中用来麻醉或治哮喘等主要利用的是其对神经系统的毒理作用。

▼ 曼陀罗花朵

迎春花

## 迎春花为什么先开花后长叶？

迎春花与梅花、水仙和山茶花并称为"雪中四友"，是我国常见的花卉之一。它因在百花之中开花最早，花后即迎来百花齐放的春天而得名。你知道迎春花为什么总是先开花后长叶吗？

仔细观察迎春花的树枝可以发现，迎春花的花芽和叶芽是分开生长的。花芽大，生于枝的顶端，在冬天就可以在树枝上看到。迎春花在冬季处于休眠状态，但到了春天，气候稍微转暖，由于花芽开放所需要的环境温度比叶芽萌发所需的温度要低，所以迎春花就先开花了。

不仅迎春花是先开花后长叶，大自然中很多植物都有这种特质。比如美丽的玉兰花也是先绽放美丽的花朵。

美丽的花朵

## 为什么莲花"出淤泥而不染"？

　　莲花，也叫荷花。莲花之所以出淤泥而不染，主要是因为莲叶表面具有疏水、不吸水的特点，落在叶面上的雨水会因表面张力的作用形成水珠，然后滚离叶面。另外，莲叶的外表层还布满了蜡质，而且有许多乳头状的突起，突起之间充满着空气，可以阻挡污泥浊水的渗入。所以，即使有少量的污泥黏附在荷花的叶芽或花芽上，也会被荡动的水波冲洗干净，待到挺出水面时，自然是光洁可爱、一尘不染了。

## 睡莲为什么被称为"花中睡美人"？

睡莲，又称子午莲、水芹花，是多年生水生植物，睡莲是水生花卉中的名贵花卉。外形与荷花相似，不同的是，荷花的叶子和花挺出水面，而睡莲的叶子和花浮在水面上。睡莲因昼舒夜卷，而被誉为"花中睡美人"。

在清水和碧叶中盛开的睡莲犹如水中仙子，或着白衣或穿粉装，煞是美丽。睡莲喜阳光，喜通风良好之地，它的作息十分规律，每天早上八九点钟太阳高挂，睡莲慢慢醒来，开始缓慢开放，到中午时分，艳丽的花朵就全部绽放。而在傍晚，随着暮色降临，在一片夜幕掩映下，它就收起花瓣进入梦乡，睡莲也因此而得名。睡莲的这种开合规律是因为其对阳光反应特别敏感的缘故。在上午，闭合的睡莲花瓣的外侧受到阳光的照射，生长变慢，内侧层背阳，却迅速伸展，于是花儿绽开了。中午时分，花瓣展开成一个大圆盘。而这时的睡莲花内侧层受到阳光照射，生长变慢，外侧层正相反，它的伸展逐渐超越了内侧层，于是就慢慢地自动闭合起来。

▲ 美丽的睡莲

美丽的花朵

▲ 硕大而美丽的王莲

## 王莲是如何传粉的？

　　王莲为睡莲科热带著名水生观赏植物，具有世界上水生植物中最大的叶片，直径可达 3 米以上，叶面光滑，且叶缘直立（叶缘一般向上折起 7～10 厘米），犹如一只只浮在水面上的翠绿色大玉盘。王莲花朵也比普通莲花大很多，花朵最大的直径能达到 35 厘米。王莲还有着独特的传粉方式。

　　王莲的第一朵白色雌性花瓣通常在下午展开，整朵花在傍晚完全开放，此时，王莲内部发生热化学反应，浓烈的花香吸引甲虫前来拜访。第二日清晨，王莲的花开始闭合，甲虫被关闭在花瓣内。此时，雌花开始转性变成雄花，花药也慢慢成熟并附着在甲虫身上，但王莲并不会接受自己释放的花粉。到了傍晚时分，王莲的花又重新绽放，此时，甲虫飞出，把花粉带到其他新开的白色雌性花瓣上，从而完成传粉过程。而第二天傍晚重新开放的王莲，已变成粉红色或深红色。

# 为什么说秋海棠并不是真正的"海棠"？

　　艳丽多姿的秋海棠是十分著名的观赏花卉，但秋海棠并不是真正的"海棠"。

　　海棠是苹果属多种植物和木瓜属几种植物的通称与俗称，代表植物为海棠花（为中国特有植物）和木瓜，都是蔷薇科的灌木或小乔木，为我国著名观赏树种。

　　秋海棠是秋海棠科秋海棠属肉质多年生草本植物，又称相思草。虽然秋海棠与真正的"海棠"有根本区别，但秋海棠却与海棠等同为著名的观赏植物。秋海棠花色艳丽，花形多姿，叶色娇嫩柔媚、苍翠欲滴，受到很多人的喜爱。

▼ 艳丽的秋海棠

美丽的花朵

# 夹竹桃的花朵有毒吗？

▼ 夹竹桃花是有毒的

　　夹竹桃虽也有"桃"字，但它与可结桃子的桃树不同，夹竹桃为常绿直立灌木，最高时可达 5 米。其主要作为观赏植物栽培，花朵为深红色或粉红色，目前还培育有白色和黄色花朵。夹竹桃花朵虽美丽，但却有一定的毒性，所以夹竹桃一定要在室外栽培。

　　夹竹桃全株有剧毒，根及树皮含有强心苷和酞类结晶物质及少量精油；茎叶可制杀虫剂，其茎皮纤维还可提制强心剂；花朵毒性相对较弱。夹竹桃分泌出的乳白色汁液含有一种叫夹竹桃苷的有毒物质，人畜误食很少量就会中毒。夹竹桃中毒症状有头痛、头晕、恶心、呕吐、腹痛、腹泻，严重者还会出现心律失常，甚至休克死亡。

◀ 夹竹桃

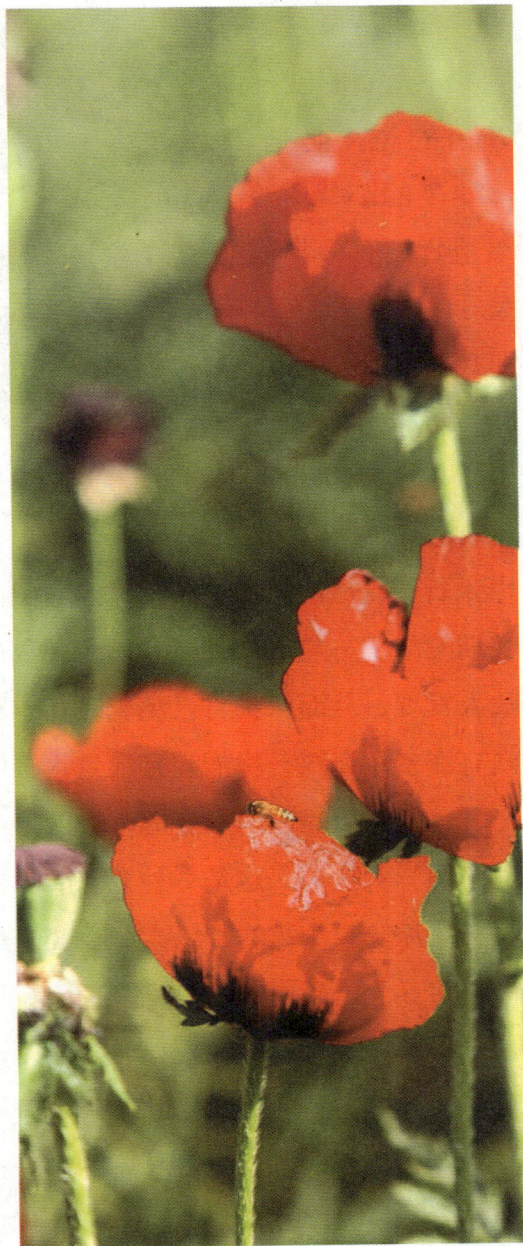

# 为什么罂粟被称为"有毒植物之王"？

罂粟是一种花朵艳丽的草本植物。在世界已知的成千上万种有毒植物中，罂粟不是毒性最强的，即便一次性吃下一整株也比不上吃几小片钩吻嫩叶的毒性大，但是罂粟的名气却是最大的。这是因为，罂粟未成熟果实的果皮内含有一种特殊的乳汁，当它暴露在空气中后，很快就变黑、凝固，形成鸦片。鸦片是一种效果显著的镇痛麻醉药，曾在战争年代为士兵解除伤痛。但是后来，一些人利用鸦片服用时带来的暂时快感和较强的成瘾性，使服用者深受其害，从而使得原本有益的植物变成了人类的"公敌"，成为"有毒植物之王"。

罂粟花 ▶

美丽的花朵

## 石头花真是石头开的花吗？

石头花又名生石花，它并不是真的硬石头开出的花，而是多年生的小型肉质植物。石头花属于番杏科生石花属植物。石头花的外形和颜色酷似卵石，因此也被称为活石子、卵石植物等。

▲ 石头花

石头花原产于极度干旱、少雨的非洲南部沙漠砾石地带，通过长期的演化，它们的外形和颜色与周围生长环境极度相似，以防被敌人发现，从而保护自己免受破坏。石头花具有抗旱的本领，它体内有许多像海绵一样能贮存大量水分的细胞。当长期得不到水分补充时，它就依靠体内贮存的水分维持生命。我们通常看到的石头花是它的一对叶子，这是一种变态的叶器官，而非大多数植物又薄又大的叶片。石头花的叶绿素藏在变了形的肥厚的叶内部。叶顶部有特殊的专为透光用的"窗口"，阳光只能从小小的"窗口"中照进叶子内部。为了减少烈日直射的强度，"窗口"上还带有颜色或具有花纹。

# 为什么梅花能在寒冷的冬季盛开？

梅与松、竹并称为"岁寒三友"。梅以其高洁、坚强、谦虚的品格，给人以立志奋发的激励。在严寒中，梅开百花之先，独天下而春。为什么梅花能在较为寒冷的冬春之际开放呢？

这是因为梅树具有一定的耐寒、耐热能力。一般 16 ～ 23℃的环境最适合它的生长。但在 −10 ～ −25℃的寒冷环境下，梅树仍然能够生长。适合梅花开放的温度是 −5 ～ −7℃。在我国很多地区，冬季到初春的平均气温在这一范围内，因此，梅花一般会在冬季到初春开放。具体来说，在西南地区 12 月至次年 1 月，华中地区 2 ～ 3 月，华北地区 3 ～ 4 月开花。

由于梅花是十分受中国人喜爱的花卉之一，它不仅圣洁高雅，而且因为在寒冷的冬春季节开放，因此被人们赋予了坚贞、勇敢的内涵。

▼ 迎寒风而开的腊梅

美丽的花朵

# 哪些植物没有花？

　　植物根据其构造的完善程度分为两大类：低等植物和高等植物。以藻类、菌类及菌藻共生体构成的低等植物是单细胞或多细胞的叶状体，它们没有根、茎、叶，所以也不会有花。而高等植物由苔藓类、蕨类和种子植物三大类群组成。其中，苔藓植物是结构简单、最原始的高等植物，具有茎和叶，但没有花；蕨类植物是最早的陆生植物，是由高苔植物发展演变成的，它们既没有花，也没有果实和种子，是用孢子来繁殖的。无花植物主要是指藻类、苔藓类和蕨类植物。

▼ 繁茂的蕨类植物

## 无花果真的没有花吗？

对于多数植物来说，开花结果是它们繁殖的必经过程，但无花果似乎"违背"了这一自然规律。因为人们往往还没看到它开花就看到了它长出果实。无花果真的像其名字所言没有花朵吗？

无花果主要生长于一些热带和温带地区，它属于开花植物，只是其花朵位置与普通植物不同。通常来说，完全花（具

▲ 无花果

花托、花被、雄蕊、雌蕊四部分）植物的花托都会把花被和雌、雄蕊抬起，让花朵最鲜艳美丽的部分完全展现出来，从而招蜂引蝶实现传粉。但无花果的花却喜欢隐居在枝叶里，而它的雌、雄花还躲在囊状肥大的总花托里面。总花托顶端深凹进去，形成了一个很大的空间，同时也把雌、雄花给包起来，人们从外观上看去，根本看不到花，所以就以为它不开花了。

事实上，每当温暖的春天来临，以及秋高气爽、雨水充足的时候，无花果都会开花，且一年中也结两次果。我们吃的无花果是它的花托膨大形成的肉球，若把无花果的肉球切开，就可以看到肉球中有无数小球，小球中央有孔，孔内就生长着无花果的花。

美丽的花朵

# 君子兰和吊兰都属于兰花吗？

植物界有很多植物可"望名知类"，如杉木、柳杉等属于杉科，雪松、马尾松等属于松科，野菊花、万寿菊、春黄菊等属于菊科。那君子兰和吊兰能依此理论判定为兰花吗？答案是：君子兰、吊兰不属于兰花。

兰科是植物界中进化最快的类群之一，它们的花组成总状或圆锥花序，花两侧对称，呈蝴蝶形，雄蕊与花柱合生成合蕊柱，花形大而美丽、有香气，中间有一最大的花瓣转化为厚而硬的唇瓣，便于昆虫采蜜时落脚。

对照兰花的这些特征，我们看一下君子兰和吊兰的花朵特征。

君子兰的花为伞形花序，花瓣 6 片，外形每片相同，橘红色或橘黄色，雄蕊 6 枚。君子兰基部还有一个大鳞茎，像一个洋葱。

吊兰的花为总状花序，花瓣对称排列，雄蕊 6 枚，子房上位，花白色。地下生有肥大的圆柱形根及短的根状茎。

通过对比可知，君子兰、吊兰的特征与兰科的特征有着根本的区别，所以它们不属于兰花。君子兰属于石蒜科，而吊兰属于百合科。虽然它们不属于兰花，但其外形与兰花有很多相似的地方，如叶条形细长、从基部长出、具有长长的花葶等。

◀ 君子兰和吊兰

# 高山上的花朵为什么特别鲜艳？

在春暖花开的季节，若去登山，你会发现高山上的植物看起来比平地上的植物要鲜艳，更能夺人眼球。高山上的树木花朵，真的比平地上的好看吗？答案确实如此，而其主要的原因和高山上日光照射有关。

海拔高的山上，空气较为稀薄也比较澄澈透明，就因为这样，阳光中的紫外线会比平地上多很多，而紫外线有抑制植物生长的作用，让植物生长变得较为迟缓。高山植物为了适应高山环境，产生了很多类胡萝卜素和花青素，这两种物质就能大量吸收紫外线，使植物能正

▲ 花朵都是鲜艳多彩的，相对而言，高山上的花朵更加艳丽些

常生长。因为类胡萝卜素能使花朵呈现鲜明的橙色和黄色，花青素则使花朵呈现红色、蓝色、紫色等，这些红、黄、蓝、紫的颜色同时出现在花朵里，在阳光的照射下，就会显得十分鲜艳。这就是高山上的植物花色比平地上的植物花色更艳丽的原因。

高山上的昆虫相对温暖的陆地要少，花朵颜色艳丽还可吸引昆虫，以便给花朵传粉。

可以说，高山上的花朵颜色艳丽也是植物为了适应自然环境的结果。

美丽的花朵

# 一品红的苞叶为什么要等到秋冬才变红？

　　一品红是原产于墨西哥的变色型观叶植物，其最上层围绕花苞生长的红叶与下层的绿叶形成巨大的颜色反差，甚是美丽。一品红通常高 0.6 ~ 3 米，在我国北方地区均做盆栽。由于一品红常在圣诞前后开花，因此又被称为"圣诞花"。为什么它的苞叶要到秋冬寒冷季节才变红呢？

　　一品红在秋冬寒冷季节开放是因为它属于短日照植物。在秋冬时节因为天气变冷，日照逐渐变短，一品红体内的糖分、有机酸储量增加，制造出大量的花青素。花青素本身并没有颜色，但在酸性的环境中即变为红色，在碱性的环境里又变为蓝色。苞叶恰是酸性的，所以就变红了。

　　由于花青素的产生与日照的长短有关，人们就想到用控制光照时间的方法，诱导一品红提前或推迟变红。要想使苞叶提前变红，可将每天光照控制在 12 小时以内。如每天光照 9 小时，其余时间人工遮光，经过 20 ~ 40 天，苞叶就能日趋变红。

◀ 美艳的一品红

▲ 花中彩蝶——紫藤花

## 紫藤花为什么被称为"花中彩蝶"？

　　紫藤为暖温带植物，对气候和土壤的适应性强，较耐寒、耐阴。紫藤花呈紫色或深紫色，十分美丽。紫藤花因其鲜艳的色彩和美丽的花形，被赋予"花中彩蝶"的美誉。

　　紫藤在每年的 3 月现蕾，4 月盛开，每轴有蝶形花 20 ～ 80 朵。开花期间，花儿夜夜含苞，朝朝新放，攀附盘绕于古树上的紫藤有大串大串的紫花倒垂，仿佛彩蝶飞舞，幽香扑鼻。紫藤花可提炼芳香油，并有解毒、止吐泻等功效。

## 霸王花为什么又被称为"尸花"？

　　霸王花原产于墨西哥、巴西一带，现全世界的热带、亚热带地区均有栽培。霸王花的花瓣又厚又大，外面带有浅红色的斑点。霸王花盛开之时，其花芯像个面盆，可盛 5 升水，看上去像个大洞的霸王花花芯甚至可容纳一个 3 岁左右的孩子。霸王花具恶臭，有人形容霸王花的恶臭是腐肉味和粪便味的混合，很像腐烂的动物尸体的味道，所以它又获得了一个"尸花"的恶称。这臭味让很多昆虫都避而远之，但花朵需要传粉，霸王花就只好依靠那些喜欢逐臭的苍蝇和甲虫来传粉了。

▼ 霸王花

▲ 野生可可

## 花的寿命有多长?

　　一天内，花的开花时间受太阳光的影响很大。白天温度高，空气干燥，所以昙花在晚上 8 点钟以后开花，而且只开 3 ～ 4 小时。世界上寿命最短的花是小麦花，只开 5 ～ 30 分钟；寿命最长的花是热带的一种兰花，大约 80 天。这是一朵花的寿命，至于花期，就不同了。比如，棉花一朵花开放一天就凋谢了，另一朵花再开，所以一株棉花能开几个月。桃花、杏花开 15 天，丁香花、紫荆花开 30 天，茄子花、番茄花开 3 ～ 4 个月，扶桑、月季开半年多，一些热带植物和可可等则终年开花。

美丽的花朵

# part 4

神奇的特性

# 植物们都有什么自我保护武器？

▼ 有毒的薇甘菊

　　植物一般都是固着生长，在残酷的大自然中，为了生存它们不得不随时做好防备敌人的准备。为了防身，植物们常常"随身"带着武器。

　　烟草、大麻的叶片上，长着浓密的茸毛，构成了阻挡细菌进入的一道屏障。那些企图入侵的病菌，在这道屏障中，如入迷魂阵，会因迷路"饥渴而亡"。小蘖的叶子变成的叶刺，洋槐的叶托变成的刺，茅草叶缘上的锯齿，麦穗和稻穗的长芒，都是植物对付动物吞食的矛和盾。

　　蚕豆叶面上有一种锋利的钩状毛，叶蝉一爬上蚕豆叶面，就会被钩状毛缠住，动弹不得而饿死。棉花植株的软毛，能排斥叶蝉的进犯；大豆的针毛，能抵制大豆叶蝉和蚕豆甲虫的进攻。

　　植物们不仅能进行自我保护，有时还能对入侵者进行反击。在秘鲁千多拉斯山里生长着一种不到半米高，有如脸盆大小的野花。这种野花每朵花都有 5 个花瓣，每个花瓣的边缘上长满了尖刺，不去碰它也就相安无事，但如果你碰它一下，那可就惨了，它的花瓣会猛地飞弹开来，轻者只是流血，重者则会留下永久的伤疤。

　　非洲的马达加斯加岛上有一种树，形状似一棵巨大的波罗蜜，高约 3 米，树干呈圆筒状，枝条如蛇，当地人称其为"蛇树"。这种树极为敏感，一旦有人碰到它的树枝，就会被它认为是敌人，很快被它缠住，轻则脱皮，重则有生命危险。

在南美洲的热带森林里，有一种酷似南瓜的植物，叫马勃菌。它圆圆的，一个有几千克重。如果你不小心踩上它，它便会"砰"的一声炸开，释放出黑色的浓烟来，让你又打喷嚏，又流眼泪。当然，马勃菌的这种本领除了能吓退侵犯它的敌人外，还是一种繁殖手段。其释放出来的黑烟就是马勃菌的粉孢子，粉孢子随着"催泪弹"的爆炸而四散飞扬，播种八方。

植物的这些自我保护的"武器"都是在长期进化过程中形成的特殊功能。

▼ 稻穗上长着锋利的长芒

▲ 刺对仙人球可以起到很好的保护作用

# 为什么雨后春笋长得特别快？

　　毛竹、早竹等散生型竹种的地下茎入土较深，竹鞭和笋芽借土层保护，度过寒冷冬季后多在春季出笋。春季所出之笋被称为春笋。春笋虽然于天气转暖后开始萌发，但往往在春雨过后长得最快，似乎一夜之间就破土而出。你知道为什么雨后春笋长得特别快吗？

　　竹子的地下茎俗称竹鞭，它既能贮藏和输送养分，又有很强的繁殖能力。横着生长的竹鞭和地上的竹子一样也是一节一节的，节上长着许多须根和芽。冬天，竹鞭上的芽储足了生长所必需的各种养分，到了春天天气转暖时，就开始萌发长成春笋。可是，初春的土壤还比较干燥，水分不足，所以春笋长得不快，有的还藏在土里。一场春雨过后，土壤里水分多了，土质变得松软。营养充足的春笋在吸足水分后就能快速生长，有时一昼夜就可以长高 1 米多，24 小时之内可以拔高 2 米，不到一年时间，就能长成竹林。

▼ 茁壮成长的春笋

# 为什么竹子总也长不粗？

　　竹林中的竹子与普通树木不同，无论竹子长多高，却总是细长形，而普通树木随着树龄的增长会逐渐变粗。为什么竹子长不粗呢？

　　竹子属于单子叶植物，而一般树木大多是双子叶植物。单子叶植物茎的构造与双子叶植物相比，其茎内没有形成层。

　　双子叶植物的茎中含有维管束，维管束的外层是韧皮部，内层是木质部，在韧皮部与木质部之间夹着一层薄薄的"形成层"，形成层属于分生组织，每年都会进行细胞分裂，产生新的韧皮部和木质部，于是茎才一年一年粗起来。

　　单子叶植物的茎虽然也含有维管束，维管束外层同样是韧皮部，内层是木质部，但是，韧皮部与木质部之间并没有形成层。所以，单子叶植物的茎，只有在开始长出来的时候能够长粗，到一定程度后，就不会再变粗了。像小麦、水稻、高粱等都属于单子叶植物，所以，它们的茎都是比较匀称的"细长"形。

细长的竹子直入云霄 ▶

神奇的特性

# 为什么要在清晨割取乳胶？

　　橡胶树为落叶乔木，适宜生长在热带雨林的气候中，目前我国的海南、广西、云南、台湾等地都有种植，橡胶树还是我国海南地区的重要经济作物，其含有的乳状汁液，即乳胶。乳胶的割取一般都是在清晨进行，你知道其中有什么科学道理吗？

　　乳胶贮藏在树皮韧皮部的乳管里，把树皮隔开，牛奶般的乳胶靠着乳管本身及其周围薄壁细胞的膨胀、挤压，就会不断地流出来。乳胶的割取一般都选择在清晨是因为清晨是一天中温度最低和湿度最大的时候，橡胶树经过通宵休整，蒸腾作用处于微弱停止状态，体内水分饱满，细胞的膨压作用是一天中最大的，因此，清晨割胶产量高。

　　如果上午 7 时前割胶的产量为 100% 的话，到了 8～9 时割胶产量就会下降 6%，10～11 时割胶产量则下降 18%。因此，割取乳胶一般都在清晨。

▼ 橡胶树可生产乳胶，是著名的经济树种

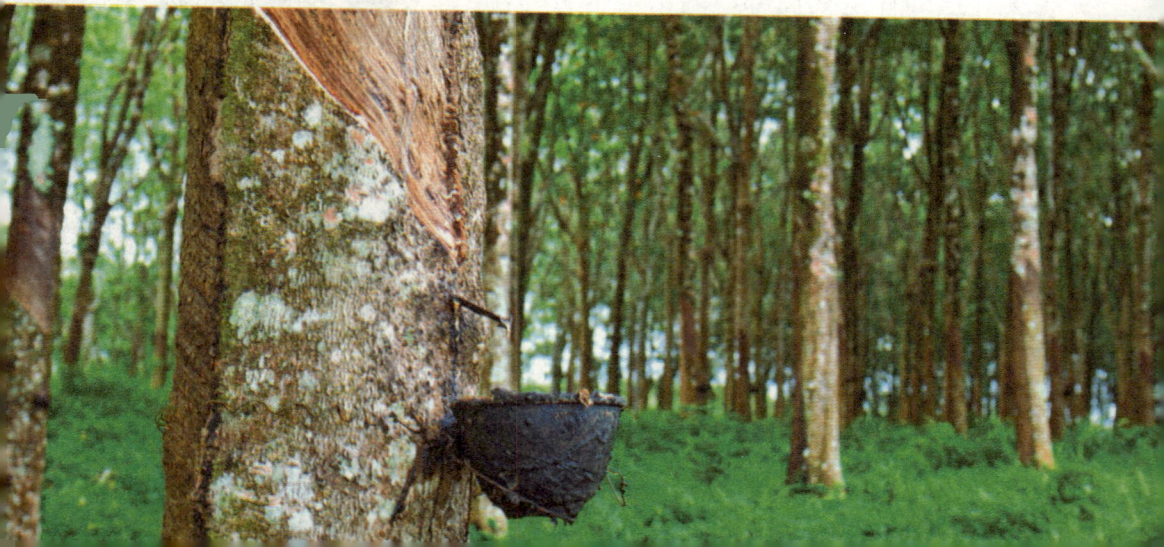

# 松柏为什么四季常青?

在冬季的皑皑白雪中，多数树木都只剩下光秃秃的枝干，而松柏、冬青等却依然青葱碧绿，给寒冬带来盎然生机。松树、柏树为什么能四季常青呢?

在干燥或寒冷的季节到来时，水分、光照等大大减少，树木的水分供应不足，光合作用也变得缓慢，制造不出养料来。树木为了自身的生存就通过落叶来降低营养消耗。可以说落叶对植物是有利的。而松柏树的叶子不掉落是因为它们长期生活在寒冷的环境中，形成了独特的御寒构造。

首先，松柏树的叶一般都缩小呈针形、线形或鳞片形，由于叶片面积小，因而水分不容易蒸发散失。其次，松柏树的叶片内还具有厚厚的角质或蜡质，有的则生有很厚的茸毛，这些构造都有效地阻止了水分

▲ 松柏可四季常青

的蒸发。同时，松柏树叶片内水分少，又含松脂；当气温降低时，可以很快地使细胞液浓度增大，增加糖分和脂肪以便防冻。所以，虽在冬季，松柏树也不会缺水而干枯，保证了树木的生机。

其实，松柏树的叶子虽然冬季仍为绿色，但与春夏等温暖季节相比，颜色要差很多，为墨绿色甚至还有些发红。这是因为冬天气温低，叶内叶绿素的生成受到限制，花青素相对增加了，所以叶子就有些发红。这种颜色上的变化，能减弱叶内的光合作用，使树木生理活动变得缓慢，这有利于松柏安全过冬。

神奇的特性

# 为什么天旱时叶子会枯？

　　每棵树的主干好像一台水泵，将由根系吸入的水分，经由叶片上的亿万个气孔散发出去，这种散发失水的过程就是蒸腾。蒸腾是由叶片表皮上的气孔进行的：当吸水膨胀时，气孔便张开；反之，在失水缩小时，气孔便关闭。在天旱少雨期间，由于缺水，叶面的蒸腾失水常常超过根部由土壤中吸取的水分，所以叶子便会枯萎。

▼ 沙漠里气候干燥，树木干枯得只剩下枝干

▲ 雨后树林中，蘑菇长得很快

## 为什么树林里的蘑菇在雨后能快速生长？

　　夏季雨后，树林里的残枝败叶中总能长出很多蘑菇。这些蘑菇平时很少见，往往雨后"突然"出现，这是为什么呢？

　　蘑菇属菌类，靠散布孢子来繁殖，孢子落到土壤里后会产生菌丝。蘑菇的生长不靠阳光，而是靠自己体内的菌丝分解、吸收其他动植物的养分。蘑菇刚生成时很小很小，但在吸饱水分后，会在很短的时间里伸展开来。夏季雨后树林湿度大，且树林中有大量适合蘑菇生长的残枝败叶，所以，夏季雨后蘑菇就会迅速生长，让人感觉似乎很多蘑菇"突然"出现。

神奇的特性

# 春天杨树为何挂满"毛毛虫"?

在春季天气转暖之后,高大的杨树上就会长出一些"毛毛虫",这些"毛毛虫"有时还会掉到地上。其实,这些"毛毛虫"是杨树的花。

杨树花不是一朵一朵地长在树上,而是许多小花都生在花轴上。花在花轴上的排列是有一定次序的,这样的一簇花叫作花序。杨树的花序是柔荑花序,即单性穗状花序。杨树为雌雄异株植物,棕色的"毛毛虫"是杨树的雄花,绿色的"毛毛虫"则是其雌花。春天树还没有长出嫩叶时,雄株上的雄花先开放,经过一段时间发育成熟后,雄花序上的花药自然裂开,花粉飞散而出,进行传粉,然后雄花序逐渐萎蔫脱落。雌花在授粉后继续发育,在花轴上会长出许多小球,小球破开,就会飞出棉絮一样的杨絮,这些白色的杨絮夹杂着杨树的种子漫天飞舞,杨树就可在新的地方生根发芽了。

◀ 杨树的花朵

# 为什么海边的椰子树多是斜着向海生长？

椰子树为热带喜光作物，适宜在低海拔地区生长，在高温、多雨、阳光充足和海风吹拂的条件下生长发育良好。一些热带海滨在做宣传的时候，总会将椰子树收入画面中。但仔细观察，你会发现无论图画中还是现实中，海边的椰子树多是斜着向海生长的，这是为什么呢？

椰子树在海边生长的地势仅高于涨潮水面，由于靠近海边一侧的土壤结构要比另一侧薄弱，且树木的生长需要吸收淡水，靠近海边的椰子树因为吸收淡水困难，根就需要更深地伸入土壤，时间久了，在树根的作用下整个树木就斜向海边了。

椰子树斜向海边生长还有利于其种子的传播。当椰子树上的果实成熟时，由于椰子树的倾斜，椰果就能直接掉到海滩上或海水里，等着被海水冲走，然后随着流水旅行，直到再次被冲上海岸，然后在新的地方生根发芽，长成一棵新的椰子树。

▼ 海边的椰子树总是斜向海边生长

神奇的特性

# 向日葵的花为什么跟着太阳转？

向日葵别名太阳花，是菊科向日葵属的植物，因花序随太阳转动而得名。向日葵从发芽到花盘盛开之前这一段时间，的确是向日的，其叶子和花盘在白天追随太阳从东转向西。你知道这是为什么吗？

向日葵的这种向阳性是由于其花盘下的茎部含有一种奇妙的植物生长素，这种植物生长素具有两个特点：第一，背光，一遇到阳光照射，就跑到背光的一面去；第二，能够刺激细胞的生长，加速细胞的分裂繁殖。随着太阳在空中的移动，植物生长素也在茎内不断地背着阳光移动，并且刺激背光的一面细胞迅速分裂，于是，背光的一面比向阳的一面生长得快，结果使得幼茎朝向生长慢的东侧弯曲，这样就使整个花盘朝着太阳弯曲。不过向日葵花盘并不是即时地跟随太阳，植物学家测量过，其花盘的指向落后太阳大约 12°，即 48 分钟。

太阳下山后，向日葵的花盘又慢慢往回摆，在大约凌晨 3 点时，又朝向东方等待太阳升起。

◀ 向日葵就是因为其花序向着太阳转动而得名

## 莲藕中的圆孔有什么作用？

▼ 莲藕

莲藕是荷花的茎，生长在池塘的淤泥中，莲藕中有很多圆圆的小孔，这些小孔有什么用处呢？

植物和人一样也需要呼吸，由于藕埋在缺少空气的淤泥中，要想顺畅呼吸就需"另辟他径"。由于莲藕的小孔连着空心的长叶柄，长叶柄一直通到挺立在水面上的荷叶。这样，从叶子吸进来的空气就能顺畅地通到淤泥中的藕体内，藕就可以顺畅地呼吸了。

## 为什么人们常说"藕断丝连"？

藕被切断后，会出现很多白丝，藕虽已断，丝却相连。因此，人们常用"藕断丝连"来比喻没有彻底断绝关系。那么藕中为什么会有很多白丝呢？

原来，藕的结构中，会有一些与人体血管一样的组织，称为导管。藕中导管的内壁上有环形和螺旋形的花纹，有保护导管的作用。藕被折断时，螺纹导管会像弹簧一样被拉长而不断，这就是藕丝。每根藕丝有 3 ~ 8 根细丝，它们像弹簧一样盘曲着，可以拉长。最长的可达 10 厘米，一放手又会缩短。

神奇的特性

# 爬山虎为什么能爬高?

每当炎炎夏季,在城市中总能见到被爬山虎围绕的高楼,能在爬山虎的绿荫中开一扇窗总给人一种童话般的美感。在欣赏这种美丽的同时,我们不禁疑惑:爬山虎为什么能爬满几十米的高楼呢?

爬山虎为多年生落叶藤本植物,它的茎如不攀缘在别的物体上就无法向上生长。爬山虎的茎上有卷须,卷须生有许多枝子,每根枝子上的末端都有吸盘,能够附着在墙壁上、大树上或岩石上。这些吸盘就像爬山虎的脚一样,不管墙壁表面有多光滑,吸盘都能牢牢地吸附在上面,爬上十几米的墙壁,直到屋顶。爬山虎附着在墙壁上非常牢固,不用大力气,很难将它的茎扯下来。爬山虎的生长速度快,如在墙边栽一棵,它的茎可以很快蔓延到整个墙壁。若在房子四周种上爬山虎,用不了几年,它就会爬满整个墙面,等于给房子穿上了一件绿色外衣。住在这种穿上绿色外衣的屋内,会比住在普通房子里凉快得多。

爬山虎一般冬季落叶,春季重新萌发生长,秋天叶片变为黄色或红色。

◀ 爬山虎总能"爬墙"而长

# 光棍树为什么不长叶子?

▼ 光棍树

　　"光棍树"其实是绿玉树的别称,光棍树原产于东非和南非。现在我国香港、海南、台湾等地多有种植。绿玉树因为常呈现无叶状态,因此又被称为"光棍树"。光棍树为什么总是光秃秃的不长叶子呢?

　　光棍树原产于气候炎热的非洲地区,那里气温较高、干旱少雨,水分蒸发量十分大。在这样严酷的自然条件下,为适应环境,原来有叶子的光棍树,经过长期的进化,叶子越来越小,逐渐地呈线形或退化为不明显的鳞片状,即便这样细小的叶子也常常早早脱落,只剩下光秃秃的树枝条。光棍树没有了叶子,就可以减少体内水分的蒸发,避免被旱死的危险。光棍树的枝条中含有大量的叶绿素,能代替叶子进行光合作用,制造出供植物生长的养分,这样光棍树就得以生存了。

　　现在光棍树在世界很多地方都有种植,若在温暖潮湿的地方,光棍树还可能会长出一些小叶片。这些小叶片可增加水分的蒸发量,以保持枝干体内的水分平衡。

神奇的特性

**111**

## 樟柯树为什么能灭火？

生长在非洲丛林中的樟柯树，是一种常绿树，樟柯树能引人瞩目是因为它有奇特的"灭火"功能。

樟柯树能灭火是因为它有一个天然的自动"灭火器"。樟柯树树型高大，枝叶茂密，细长的叶片向下拖曳，长约 2.5 米，从树枝垂挂下来。可就在这繁茂的叶丛中隐藏着许多馒头一般大小的圆球，这些圆球并不是树木的果实，而是它的灭火"武器"——节苞。节苞上有许多小孔，就像莲蓬头上的小孔一样，里面装满了白色透明的液体。科学家分析后发现，这些液体中竟然含有大量的四氯化碳，真可说是名副其实的"消防器"。樟柯树对火特别敏感，一旦附近出现了火光，樟柯树就立即对节苞发出行动"指令"，树上的节苞就会猛然喷射出液体泡沫，将火焰扑灭，从而使茂密的森林"转危为安"。一位科学家曾对这种防火的敏感性进行试验，他有意站在樟柯树下用打火机吸烟，谁料火光一闪，顿时从树上劈头盖脸地喷出了白色的液体泡沫，使打火机的火顿时熄灭，这位科学家也满身白沫，狼狈不堪。

▼ 一般树木都怕火，但樟柯树却能灭火

▲ 松树林中还有落叶松这样的"英雄树"

## 落叶松为什么不怕火烧？

落叶松为松科落叶松属的落叶乔木，落叶松往往能历经火灾而"劫后独生"。这是因为落叶松挺拔的树干外面包裹着一层几乎不含树脂的粗皮。这层厚厚的树皮很难被烧透，大火只能把它的表皮烤煳，而里面的组织却不会被破坏。即使树干被烧伤了，它也能分泌出一种棕色透明的树脂，将身上的伤口涂满涂严，随后凝固，使那些趁火打劫的真菌、病毒及害虫无隙可入。因此，落叶松就成了熊熊烈火中得以重生的"英雄树"。

神奇的特性

## 你见过能吃人的树吗？

世界上能吃动物的植物约有 500 多种，但绝大多数只能吃些细小的昆虫。可是，生长在印度尼西亚爪哇岛上的一种树，名叫奠柏，它居然能把人"吃"掉，真是世界上最凶猛的树了。奠柏难道真的如人们所说能"吃"人吗？

奠柏为猪笼草科植物，为食肉的树木。树高八九米，长着很多长长的枝条，垂贴地面。有的像快要断了的电线，在风中摇晃。奠柏的这种"弱不禁风"其实是一种假象，一旦有动物不小心碰到这些枝条，所有的枝条就像魔爪似的向同一个方向伸过来，把猎物卷住，而且越缠越紧。在捕获"猎物"之后，树枝很快就会分泌出一种黏性很强的胶汁，能消化被捕获的"食物"，这样猎物就成为树的美餐了。

当地人已掌握了它的"脾气"，只要先用鱼去喂它，等它吃饱后，懒得动了，就赶快去采集它的树汁。因为这种树的汁液是制药的宝贵原料。

▼ 奠柏与猪笼草的捕食方式十分相似，图为猪笼草

▲ 棕榈树

## 世界上真有会捕鸟的树吗?

在南美洲秘鲁南部山区，确实有一种会捕鸟的树。这种树看起来很像棕榈树，巨大的树叶上长满了又大又硬的长刺。所以，当小鸟落到树上休息时，很容易碰到尖刺而受重伤或者死亡。住在当地的农民常常在房前屋后栽这种树，这样他们便可以天天吃到新鲜的鸟肉了。

神奇的特性

## 夜光树的叶子真的可以自动发光吗？

在我国贵州省三都水族自治县的原始森林里，曾经发现了5棵罕见的"夜光树"。在没有月亮的夜晚，当地人会看到这样一种奇景：在一棵大树的枝杈上，有成百上千个两寸多长的"月牙儿"正在闪着荧光。当微风吹过的时候，千百个"月牙儿"轻轻地摇啊摇的，好看极了。原来那"小月牙儿"就是"夜光树"上会发光的叶子。这些叶子为什么会发光呢？

这是因为这些植物体内有一种特殊的发光物质——荧光素和荧光酶。生命活动过程中要进行生物氧化，荧光素在酶的作用下氧化，同时放出能量，这种能量以光的形式表现出来，就是我们所看到的生物光。生物光是一种冷光（自然界中一些动植物发出的光都并不热，所以人类就把它称为"冷光"），它的发光效率很高，有95%的能量可以转变为光，而且光色柔和、舒适。

◀ 夜光树发出的光，与萤火虫发出的光一样，都是生物光，光色柔和

▲ 在密密的丛林中处处都是生存的故事。不仅动物能到处奔走，甚至还有苏醒树这样的可逐水源而居的植物

## 什么树可以自由行走？

一株植物，除非有人移动它，否则一辈子都得在一个地方定居，这似乎是天经地义的，但是苏醒树却打破了这种定律，它能随风"行走"，自己寻找适宜的生存环境。

据了解，这种苏醒树是有灵性、有感应的植物，它能不断适应周边的环境，比一般的植物要高级些，用人来比喻，就是很天才的一类。苏醒树能自己行走，自由地调整自己的活动地点。这种植物在水分充足的地方能够安心地生长，而且十分茂盛。一旦生长之地干旱缺水，它就会把根从泥土中抽出来卷成一个球体，一起风就会被风吹着"行走"。遇到有水的地方，它就会停留下来，将根插入水中获得养分，开始它的新生活。

苏醒树能有意识地控制自己的身体从而帮助自己更好地生存，虽然不能像人类一样改变环境，但它能让自己找到所需的环境并在那里生活下来，简直就是植物中的奇迹！苏醒树总是努力使自己重生，这是人们叫它苏醒树的原因。

神奇的特性

**117**

# 为什么樟木可以防蛀？

在我国江南地区，樟木随处可见，尤其以我国台湾省最多，樟木产量占世界的 70%。

樟树的所有部分都可以提取樟脑和樟油。它们是制造胶卷、胶片、塑料的重要原料，还被大量地应用在医药、香料制作、防腐、防蛀等方面。我们日常使用的樟脑球就是从樟树中提取出来的。樟油经过分离处理还可以用在冶金选矿和制造杀虫剂、化妆品上。

樟木全身都有一种独特的香味。虫子最怕闻到这种气味，用樟木制成的家具、箱子不仅美观大方、带有香味，而且能长期防虫蛀，因此非常受人们的欢迎，被广泛应用到建筑、家具制造等方面。

▼ 古樟树

▲ 含羞草

# 含羞草是真的"害羞"吗？

含羞草与一般植物不同，它在受到外界触动时，叶柄下垂，小叶片合闭，此动作被人们理解为"害羞"，故称为含羞草、知羞草、怕丑草。含羞草为什么会"害羞"呢？

含羞草的害羞源于其特殊的生理结构。含羞草的叶柄和叶子基部的位置，都有一个膨大的部位叫叶枕，叶枕就是含羞草害羞的主要原因所在。在叶枕中间有一个维管束，四周充满了薄壁组织。在对刺激最为敏感的叶枕受到触动时，会引起叶枕内上半部薄壁细胞的细胞液被排出，产生了上下两半膨胀压力不平衡的状态，导致叶片闭合下垂。含羞草的这种应激反应发生前后只要 0.08 秒，其传导速度高达每秒 10 厘米，反应非常迅速，而其恢复原状的时间为 5 ~ 10 分钟。

含羞草这种特殊的生理结构是其长期自然适应的结果。含羞草原产自热带南美洲，那里气候恶劣，常有狂风暴雨肆虐。为了保护好自己，当第一滴雨水打落在含羞草叶片上时，它就会及时有效地迅速闭合叶片，垂下叶柄，避免受暴风雨的伤害。

神奇的特性

**119**

## 为什么称胡杨树为"沙漠英雄"?

　　胡杨又称"胡桐""眼泪树""异叶杨",其高度可达15米左右,为落叶乔木。乔木在干旱的戈壁沙漠总是难以生长成高大树木,而胡杨却可深入其中并发展壮大,给沙漠带来无限生机。有人称胡杨树为"沙漠英雄",你知道这是为什么吗?

　　胡杨和一般的杨树不同,它能忍受荒漠中的干旱,可在降水50毫米以下的环境中生存。在多变的恶劣气候环境,它能在 $-39 \sim 39$℃的气温下生存。

　　戈壁沙漠中虽有湖盆和河畔,但也常因风沙大、蒸发旺盛,造成没有生机的盐碱滩。而胡杨具有很强的耐盐碱能力,据研究,胡杨的根系能从沙漠盐碱土里吸收盐分,躯干、树皮、叶片也能吸收盐分,使体内含盐量平均达16%以上。当体内含盐过多时,它又能从树杈破裂处将多余的盐分排出去,形成块状结晶物胡杨碱,碱

▼ 沙漠英雄——胡杨树

▲ 胡杨树

的纯度高达 65% ~ 71%。当地人民称它为"小型化工厂"，有经验的农牧民，只要在树上刮一刀，便可得到胡杨碱。

胡杨树耐干旱、盐碱的特性使其能在戈壁、沙漠生存，它们可沿着河道繁衍成绿色的走廊林，或者在地下水出露地带形成大面积的胡杨林。一望无垠的戈壁滩上，有了这些活的"挡风墙"，就可极大地抵抗风沙，有效地改造环境，所以胡杨树又被称为"沙漠英雄"。

据统计，世界上的胡杨绝大部分生长在我国，而我国 90% 以上的胡杨又生长在新疆的塔里木，塔里木生长着世界第一大胡杨林，有 3800 多万平方千米。目前被誉为世界最古老、面积最大、保存最完整、最原始的胡杨林保护区则在轮台县境内。

神奇的特性

121

## 水草为什么会冒泡泡？

无论是河里的水草，还是家中鱼缸里的水草，它们总是时常冒出泡泡。其实，这是由水草的光合作用引起的。我们知道，任何绿色植物都要进行光合作用，水草也不例外。在阳光下，水草植物叶片中的叶绿体利用太阳光将吸收的二氧化碳和水合成为有机物，并释放出氧气，这时我们就能看到水里的泡泡了。如果外界阳光特别充足，水草进行光合作用的强度越高，那么释放出的氧气就越多，产生的泡泡也就越多。

▲ 水草

## 为什么仙人掌有那么多的刺？

仙人掌、仙人球等仙人掌科植物是深受现代人喜爱的盆栽植物，它们能吸收辐射、净化空气。但同时，它们长长的硬刺又让人望而生畏，为什么仙人掌有那么多的刺呢？

仙人掌原来生长在热带或亚热带的干旱地区，这里气候干燥、鲜少降雨，植物为了生存就要改变自身的结构和生活方式，千方百计地从土壤里吸取水分，同时要减少自身水分的消耗。仙人掌为多肉植物的一类，其茎肉厚、浆液丰富，可以贮藏大量的水分。而植物消耗水分的主要部位就是叶子，为了减少消耗，保存体内的水分，在干旱的条件下，仙人掌的叶子就慢慢地退化了，渐渐地变成了针状，这就是仙人掌的刺了。针形叶可以减少蒸腾面积，降低水分的消耗，仙人掌就可更有力地对抗干旱了。

此外，在仙人掌的细胞内还有一种抗旱机制。它们的细胞质在原生质失水时能保持部分结合水。结合水近似结晶水的状态存在，不易丢失。所以，仙人掌能在干旱的沙漠中生存。仙人掌为荒漠带来了蓬勃生机，还能起到阻挡风沙的作用，因此仙人掌又被称为沙漠中的"英雄花"。

▼ 仙人掌

神奇的特性

## 为什么仙人球肚子大？

与仙人掌不同，仙人球长得圆滚滚的，上面还布满了刺。其实，这个大肚子是它的茎，外面是一层厚厚的皮，里面存了很多的水。每当下雨的时候，仙人球就敞开"肚皮"喝水，把里面灌满，这样等到干旱的时候，即便几个月甚至一年不下雨，它也能有水"喝"，而不会被"渴"死。

▲ 仙人球

## 猪笼草为什么能吃虫？

猪笼草又名猪仔笼，是有名的热带食虫植物，主产地是热带亚洲地区。因其捕虫部分形状就像猪笼，故称猪笼草。猪笼草作为植物为什么会嗜肉吃虫呢？它又是如何捉虫的呢？

猪笼草主要生活在热带沼泽地带，而沼泽地带的土壤极度缺乏营养，因此猪笼草为了得到它所需的矿物质，经过长期的进化，便形成了专业的捕捉器，开始以食虫为生。

食虫的猪笼草是如何捕捉飞虫的呢？猪笼草捕捉飞虫靠的是其捕虫囊。捕虫囊呈圆筒形，下半部稍膨大，笼口上有盖子。猪笼草的捕虫囊内有蜜腺能分泌带有甜味的蜜汁引诱昆虫，昆虫进入捕虫囊后，囊盖并不像人们想象的那样合上，这是因为囊口内侧囊壁很光滑，所以能防止昆虫爬出。事实上囊盖是经常打开的，囊盖的主要用途是引诱昆虫，因为囊盖的内壁也有很多蜜腺。囊中经常有囊水，水过多时，掉落水中的昆虫容易逃出，加上卷须也有一定的承重能力，猪笼草就会自动倾斜倒去一部分水。捕虫囊下半部的内侧囊壁稍厚，并有很多消化腺，这些腺体分泌出稍带黏性的消化液储存在囊底。消化液呈酸性，具有消化昆虫的能力。掉进囊内的昆虫多数是蚂蚁，也有一些会飞的昆虫如野蝇和蚊子等。

▼ 能捕虫的猪笼草

## 为什么薄荷很清凉？

▼ 薄荷

一提到薄荷，人们就想到"凉飕飕"，无论是薄荷类的食物还是沐浴用品，用完之后都让人有一种清凉的感觉。为什么薄荷总能给人带来清凉感呢？

薄荷的清凉是因为在薄荷的茎和叶子里，特别是叶片中含有一种特殊物质——薄荷油。将薄荷的叶和茎适当干燥后再用水蒸气蒸馏就会得到薄荷油了。薄荷油为淡草绿色液体或淡黄色的澄清液体，有强烈薄荷香气和清凉的微苦味，具有挥发性，稍遇冷即凝固成固体。薄荷油的主要成分为薄荷脑，这是一种很好的芳香清凉剂。薄荷不仅可作为消暑佳品，还是医药、食品、化妆品工业的原料，如清凉油、止咳药水、润喉片等，里面都含有薄荷的成分。

薄荷还具有刺激中枢神经的功效，作用于皮肤有灼感和冷感的同时，还对感觉神经末梢有抑制和麻痹的作用。所以，如果谁的皮肤被虫咬了或被碰伤了，擦点薄荷清凉油就能减轻痛痒。

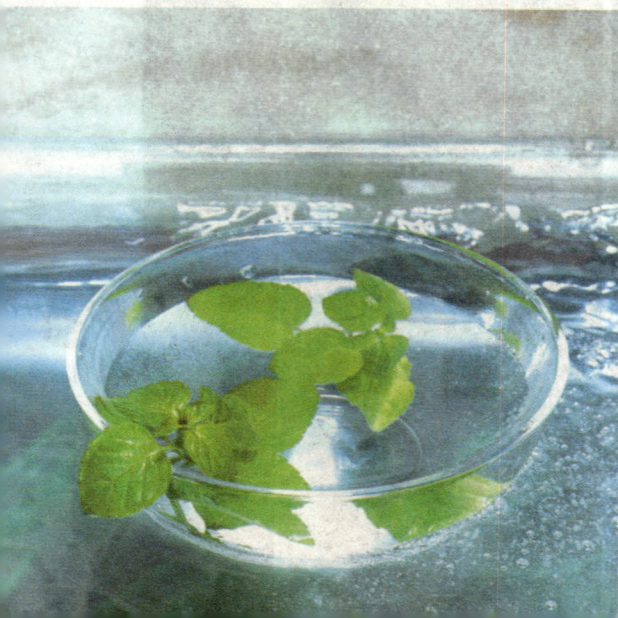

◀ 薄荷茶

# 断肠草真的能"断肠"吗？

断肠草并不是专指一种物质，而是至少 10 个以上中药材或植物的名称，如胡蔓藤、毒根、山砒霜、黄藤、雷公藤、麻醉藤、钩吻、火把草、水莽草等都属于断肠草中的一种。断肠草真的可断肠吗？

据记载，误食断肠草后肠子会变黑并粘连，最后腹痛不止直到死亡。所以误食断肠草只会导致肠子粘连，腹痛不止，而并不能"断肠"。人们之所以称其为断肠草是源于神农氏去世的传说。

神农氏为中国古代神话人物，为中国农业之神。相传神农氏有着一副透明的肚肠，能清楚地看见自己吃到腹中的东西，为了寻找能解除群众疾病苦痛的药材，他常年奔走在山林原野间，遍尝百草。神农氏尝了很多有毒的叶子，每次都能化险为夷。直到有一次，神农氏在一个向阳的地方发现了一种叶片相对而生的藤，这种藤上开着淡黄色的小花，于是神农氏就摘了片叶子放进嘴里咽下。这种草毒性很大，毒性很快就发作了，神农氏还没来得及吞下那些解毒的叶子，就看见自己的肠子已经断成一截一截的了。这位尝尽无数草药的神农氏，就这样断送了自己的性命，因此这种植物被人们称为断肠草。

这个传说中的断肠草为钩吻，属胡蔓藤科植物，其主要毒性物质是胡蔓藤碱。除钩吻等藤本科植物之外，毛茛科的乌头、大戟科的大戟等，也因其剧毒而被称为断肠草。

▲ 钩吻

神奇的特性

# 酢浆草为什么又名三叶酸?

　　酢浆草为多年生草本，又名三叶酸、盐酸草，其实酢浆草的别称中之所以多带有"酸"字，是因为酢浆草内含有丰富的酸性物质。

　　酢浆草高 10 ～ 35 厘米，具细长的叶柄，叶片由三枚呈倒心形的小叶组合而成，偶尔会出现突变的四枚小叶组成的个体，即四叶草，也是俗称的"幸运草"。酢浆草可开花，根据花朵颜色可分为黄花品种、紫花品种。酢浆草全草含抗坏血酸、去氢抗坏血酸、丙酮酸、乙醛酸、脱氧核糖核酸、草酸等，若将酢浆草碾磨后其汁液可呈酸性，能食用，味道类似于盐。

▼ 酢浆草的三片倒心形叶子非常美丽，出现变异的四片叶则被人们称为幸运草

# 黄连为什么特别苦？

俗话说"哑巴吃黄连，有苦说不出"，还有"黄连苦，连心苦"，黄连确实非常苦，那么黄连中含有什么成分导致黄连如此苦呢？

黄连为黄连属多年生草本植物，因其根茎呈连珠状而色黄，所以称之为"黄连"。黄连为常用中药，早在《神农本草经》中就有记载。黄连如此之苦是因为其中含有一种叫作"黄连素"的物质。黄连素是一种生物碱，有了它，黄连就特别的苦了。这黄连素到底苦到什么程度？有的科学家曾做过试验，用 1 份黄连素加上 25 万份水，这种水仍然是苦的。在黄连的根茎里，含有 7% 左右的黄连素，可见黄连的苦之甚了。

黄连作为中药具有清热燥湿、泻火解毒之功效。现代医学研究认为，黄连素对痢疾志贺氏菌、金黄色葡萄球菌、伤寒沙门氏菌、霍乱弧菌等许多病菌都有抑制作用。通常制成片剂或针剂，对菌痢有显著疗效。

神奇的特性

# 吃菠菜后为什么嘴里会感觉涩涩的？

　　菠菜为人们日常食用的绿叶蔬菜，菠菜中含有丰富的维生素A、维生素C及矿物质，尤其维生素C、维生素C含量是所有蔬菜类之冠，人体造血物质铁的含量也比其他蔬菜多。虽然菠菜营养丰富，但吃起来嘴里常会有一种涩涩的感觉，这是因为菠菜中含有草酸的缘故。

　　草酸是一些特定食物自然产生的化合物。吃太多草酸含量高的食物会给身体造成负面影响，因为这种物质可以化学绑定食物中的镁和钙等矿物质。草酸会与钙结合而沉淀，不能被人体吸收。吃菠菜时，若不把草酸去掉，会使菠菜本身所含的钙质不为人体吸收，如和其他食物一起烹饪，也会使其他食物中的钙质沉淀。

　　所以，烹调菠菜时，如先把菠菜在开水中烫一烫，捞起再炒，既可去掉草酸，也可去掉涩味，增加菠菜的清香感。菠菜烹熟后软滑易消化，特别适合老、幼、病、弱者食用。电脑工作者、爱美的人也应常食菠菜。

▼ 菠菜

▲ 萝卜皮生吃有一股辣味

## 为什么煮熟的萝卜皮不辣?

萝卜,在我国民间有"小人参"之美称,科学家研究发现,生吃萝卜不仅能提高人体免疫力,还具有良好的防癌、抗病作用。但生吃萝卜时,萝卜心很甜,而萝卜皮却往往很辣,这是为什么呢?

这是因为萝卜中含有一种芥子油,虽然芥子油能促进胃肠蠕动、增强食欲、帮助消化,但它却很辣,由于萝卜皮中芥子油的含量更多一些,所以它比萝卜心更辣。但因为芥子油怕热,经过高温分解,煮熟后的萝卜皮就不辣了。

神奇的特性

## 土豆是植物的根吗？

▼ 土豆

　　土豆又名马铃薯、洋芋、山药蛋等，原产于南美洲的秘鲁和智利等地，它是茄科多年生草本植物，农业上按上年生作物栽培。地上部分茎秆稍呈三角形，茎上有毛，互生奇数羽状复叶。夏季开花，其花色有黄、白、紫红、粉红。果实呈球形，种子很小。地下茎膨大成为块茎，土豆是植物的茎，而不是根。

　　土豆的形状各种各样，有球形的、卵形的，还有细长形和椭圆形的等。它的表皮有黄、白、红、紫等颜色，表皮上还有许多芽眼，芽眼的深浅、数量因品种不同而有所不同。

## 为什么不能吃发芽的土豆？

　　土豆含有丰富的淀粉、蛋白质及膳食纤维，是人们饭桌上的家常菜。但是当土豆颜色变绿或发芽的时候，会产生大量龙葵素（茄碱），这样的土豆不宜食用。

　　龙葵素是一种有毒的糖苷生物碱，能溶于水，有腐蚀性和溶血性，一般质量好的土豆每100克中只含龙葵素10毫克，食用不会中毒。而未成熟的或因贮存时接触阳光等引起表皮变绿和发芽的土豆，则每100克中龙葵素的含量可高达500毫克，如果大量食用这种土豆就可能引起急性中毒。

若一次性进食200毫克龙葵素，经过15分钟至3小时就可发病。症状可见口腔及咽喉部瘙痒，上腹部疼痛，并有恶心、呕吐、腹泻等。若吃进更多的龙葵素，则会有体温升高、反复呕吐，甚至耳鸣、抽搐、呼吸困难等。因此，对于发芽的土豆能不吃则不吃。

为了预防土豆龙葵素中毒，我们要争取不吃未成熟的青皮土豆；对于土豆上稍有发芽、发青的部位要彻底清除，若发芽较多则最好丢弃。去皮后的土豆可切成小块儿，于冷水中浸泡半小时以上，这样残存的龙葵素就可溶解在水中。此外，龙葵素遇醋酸加热后能被分解破坏，所以在烧土豆时可加入适量米醋，利用醋的酸性分解龙葵素，可起解毒作用。

▼ 土豆发芽部分含有毒素，不可食用

# 柠檬为什么很酸?

　　黄黄的柠檬果有一种浓郁的芳香气,虽然其为柑橘属植物柠檬树的果实,但是它奇酸无比,所以很少作为水果被食用,只被用作上等调味料来调制饮料、菜肴。为什么柠檬特别酸呢?

　　柠檬之所以很酸,是因为其中含有丰富的柠檬酸,每升柠檬汁中含有 49.88 克的柠檬酸。因此柠檬被誉为"柠檬酸仓库"。除柠檬酸外,柠檬中还含有丰富的维生素 C、烟酸和多种有机酸。因为太酸,柠檬基本不用作鲜食,而多用于调味品。

▼ 柠檬因为太酸,一般用作调制饮料和菜肴

▲ 面包树

## 面包树真的能长出"面包"吗?

面包树是一种常绿乔木,原产于马来半岛及波利尼西亚。它是一种木本粮食植物,肉质的果实富含淀粉,烧烤后味如面包,所以人们将其称为"面包树"。

面包树的每个果实是由一个花序形成的聚花果,含有大量的淀粉和丰富的维生素 A、B 族及少量的蛋白质、脂肪。面包果烧烤后松软可口,酸中有甜,常被用作口粮。所以,面包树并不能长出真正的面包,只是其果实经过加工味如面包而已。

面包树一年内有 9 个月的结果时间,一棵面包树一年可结 200 颗果,是食用植物中产量最高的种类之一,因此,面包树的果实是许多热带地区人们的主食。

神奇的特性

# 海檬树为什么又被称为"自杀树"？

海檬树生长在印度西南部地区，其果实即为海檬果。海檬果含有剧毒，这种果实常被作为自杀工具，因此，这种树又被称为"自杀树"。

海檬树高 15 米，生长着深绿色叶子和果实，打开果实有乳白色液体。开花时期其花朵呈白色，散发着茉莉香味，海檬果是绿色的，看起来像小芒果，因此许多儿童第一次看到海檬果，便误认为是芒果而食用，最终死于非命。不仅如此，在印度当地，有很多成年女性的死亡也总与海檬果相关。

研究专家称，海檬果的毒性主要是一种名为海檬果毒素的物质，它可使人体心脏停止跳动，与通常所表现的心脏病发作十分相似。由于之前医学界对海檬果知之甚少，若利用海檬果进行自杀或谋杀，很难辨清死因，因此人们都说海檬果能"杀人于无形"。

▼ 海檬树

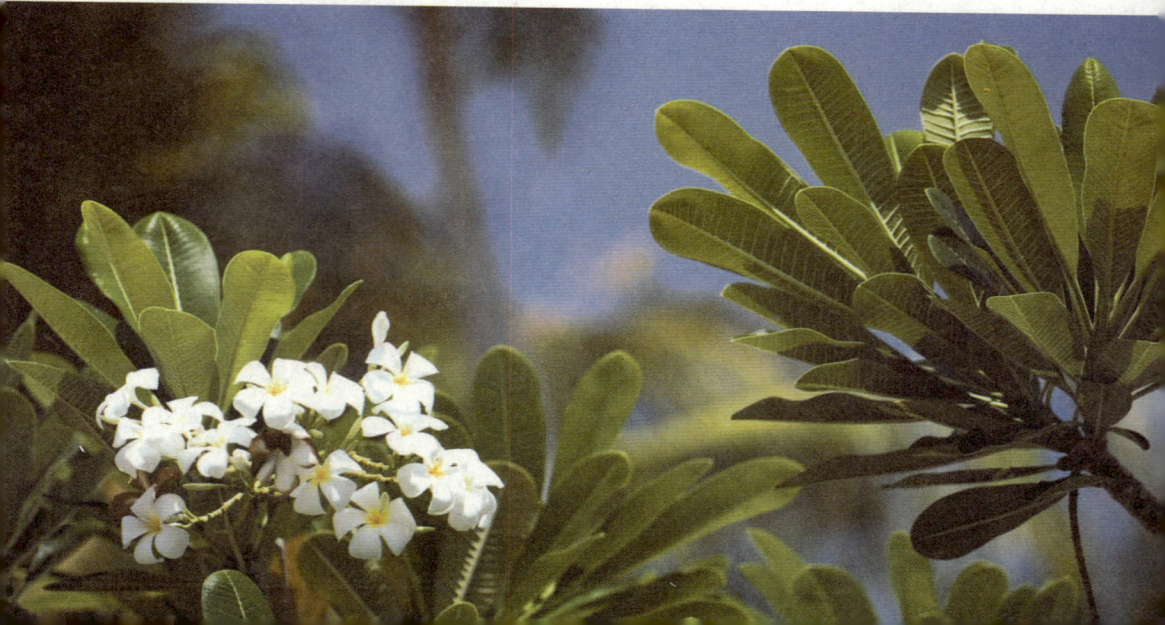

# part 5

植物中的珍宝

# 人参为何被称为"百草之王"？

　　人参是闻名遐迩的"关东三宝"（人参、貂皮、乌拉草）之一，是驰名中外、老幼皆知的名贵中药材。历代中医对人参的功效都很推崇。又因为人参为多年生草本植物，因此被称为"百草之王"。

　　人参是第三纪孑遗植物，自古以来就被东方医学界誉为"滋阴补生，扶正固本"的极品。它可以增加人体的热量，增强大脑皮层兴奋过程的强度和灵活性，减少疲劳，提高免疫力。人

▲ 人参

参顶端的根茎部分还是一种温和的催吐药。它的叶子可以治疗咽喉肿痛。同时人参活性物质还具有抑制黑色素的还原性，能使皮肤洁白光滑。人参与其他药配合，可以医治多种疾病，可以说人参浑身是宝。人参主要的药用部分是它的根。人参生长的年代越久，就越贵重。有经验的药农从人参"头"上的凹痕就可以推算出人参的年龄，凹痕越多，人参的年龄越大。

　　长期以来，由于过度采挖，资源枯竭，人参赖以生存的森林生态环境遭到严重破坏，导致真正的野生人参已经非常稀少，目前野生人参已被列为我国一级保护珍稀植物。

# 红杉为什么是植物界中的"巨人"？

　　红杉分布于美国加利福尼亚州和俄勒冈州海拔 1000 米以下、南北长 800 千米的狭长地带。红杉树生长神速，一般成熟的红杉都高达 60～100 米。红杉树皮厚，具有很强的避虫害和防火能力，一般都能活 800 多岁，有不少已达 2000～3000 年的高龄。在加利福尼亚北部，气候温和，土壤肥沃，这里的任何一个树种都可能是全世界最高的。同样，在这里，也生长着世界上最高的红杉，它高 112.7 米，树龄已达 2000 岁。红杉作为一个整体是世界上最高的物种，它们忍受住了干旱的威胁、大风和雷电的袭击，才成为了植物界的"巨人"。

▼ 红杉

植物中的珍宝

▲ 银杉

# 银杉为什么独存于我国？

　　银杉，是 300 万年前第四纪冰川后残留至今的古老的残遗植物，被植物学家称为"植物熊猫"，是中国特有的世界珍稀物种，国家一级保护植物，和水杉、银杏一起被誉为植物界的"国宝"。为什么银杉会独存于我国呢？

　　在我国广西壮族自治区龙胜、临桂两县交界的地方，山岭险峻，雾海如云，海拔 1800 多米处，有一片原始森林。就在这一片茫茫的林海之中，有一种树冠闪耀着银白色光亮的树，它就是我国特有的珍稀植物——银杉。

　　远在地质时期的新生代第三纪时，也就是在两亿多年前，银杉曾广泛分布于北半球的亚欧大陆，在德国、波兰、法国及苏联曾发现过它的化石。但由于第四纪冰川的浩劫，许多植物遭到侵害，相继死亡，银杉也濒于绝迹。由于我国南部的低纬度区地形复杂，阻挡着冰川的袭击，我国的冰川比较零星，大多是山麓冰川，加上河谷地区受到温暖湿润的夏季风影响，冰川活动被限制在局部地区，这种得天独厚的自然环境，成了一些古老植物的避难所，银杉才能繁衍至今。

银杉树木高大、刚劲挺拔、木材坚实、纹理细密，可供建筑和造船。同时又因树姿优美壮观，成为珍贵的观赏植物。银杉对研究松科植物的系统发育、古植物区系、古地理及第四纪冰期气候等，均有较重要的科研价值。

## 为什么说水杉是古老的活化石植物？

▼ 水杉

水杉为落叶乔木，杉科水杉属现存种，我国特有的孑遗珍贵树种。在1亿多年前水杉就已经生长在地球上，到距今1万多年前，水杉已经在地球上广泛分布。后来遭受冰川浩劫，大范围灭绝，只在我国四川、云南、湖南的部分地区得以幸存，称为旷世奇珍。

水杉树木高大挺拔，树冠形似宝塔。各枝上长有小枝，向两侧水平展开，小枝上长有披针形或线形的短叶，绮丽动

植物中的珍宝

人。作为古代遗留下来的珍品，水杉是世界上绝无仅有的珍贵树种。据古植物学家考证，它的远祖起源于1亿多年前的中生代白垩纪，后来水杉遍布地球。但随着冰川时代的到来，很多杉科植物都灭绝了，人们也一度认为水杉在世界上已绝迹。

1941年，我国有科学家在四川与湖北交界处的山谷中发现了水杉的踪迹，1948年正式定名为水杉。水杉的发现为研究古植物学、古气候学、古地理学及地质学等，都提供了非常有价值的资料，震惊了科学界。人们都认为这是20世纪的重要发现和伟大成就，也给水杉冠以植物界珍贵的"活化石"之名。这一宝贵植物被各国争相引种，现今已经引种到50多个国家和地区。

水杉不仅是著名的观赏树木，同时也是荒山造林的良好树种，它的适应力很强，生长极为迅速，在幼龄阶段，每年可长高1米以上。水杉的经济价值很高，其心材紫红，材质细密轻软，是造船、建筑、桥梁、农具和家具的良材，同时还是质地优良的造纸原料。

▼ 水杉

▲ 银杏

# 银杏为什么被称为"世界第一活化石"？

　　银杏为落叶乔木，其叶夏绿秋黄，像一把把打开的折扇，形状别致美观，是著名的观赏树种。大约 2 亿年以前，地球上的欧亚大陆到处都生长着银杏类植物，可以说银杏是全球最古老的孑遗植物，因此人们称它为"世界第一活化石"。

　　银杏树的叶子十分奇异，像一把扇子，叶脉二叉分枝，是一种原始的叶脉。银杏为雌雄异株，其种子为橙黄色，形状像杏子，银杏的名称就由此而来。银杏适应性强，抗污染和抗烟尘，是一种优良的园林绿化树种，对改善城市生态环境具有积极的作用。

植物中的珍宝

**143**

银杏是裸子植物银杏科中唯一存留下来的一种。银杏的枝、叶形态及扇状叶脉等特点，都与其他进化较完全的裸子植物不同，是现存种子植物中最古老的一属。大2两亿年以前，地球上的欧亚大陆到处都生长着银杏类植物，后来在 200 多万年前，第四纪冰川出现，大部分地区的银杏毁于一旦，残留的遗体成了印在石头里的植物化石。这场大灾难后，只有我国还保存了一部分活的银杏树，绵延至今，成了研究古代银杏的活教材。

▼ 银杏

## 百山祖冷杉也要消失了？

百山祖冷杉是裸子植物门松科冷杉属常绿乔木，为我国东南沿海唯一残存至今的冷杉属植物，目前自然生长的仅存 3 株。1987 年，国际物种生存保护委员会将百山祖冷杉公布为世界上最受严重威胁的12个濒危物种之一。在我国，百山祖冷杉被列为国家一级重点保护野生植物。百山祖冷杉数量为什么如此之少呢？

▲ 百山祖冷杉的树叶

　　冷杉是裸子植物松科中的一个小家族，百山祖冷杉是冷杉家族中最珍贵的种类，有"植物活化石"及"植物大熊猫"的美称。濒危原因主要有：

　　1. 全球气温回升。在冰川期过后全球气温回升，冷杉不能适应高温环境，其分布区向高纬度和高中海拔山地退缩，形成现代的我国南方冷杉的孤岛状分布。百山祖冷杉被发现后，人们又相继发现了梵净山冷杉、大院冷杉等新的冷杉品种，但数量都不多。

　　2. 人类开发活动。由于人类开发活动及森林火灾，使冷杉分布区的"孤岛"面积更为缩小，如浙西南闽东山地，历史上由于交通阻塞，森林的直接经济效益无法实现，加上烧荒驱兽，形成了一些山区盲目烧荒的传统习惯，烧毁当时被认为"多余的"森林。

　　环境的变化迫使生物适应新的环境，使生物的形态或适应能力产生变异，能适应的少部分物种得以存活。同时物种本身的繁殖方式也决定了其数量。如百山祖冷杉种群个体本身就很少，被发现时只有不到10株；加上此树开花结实的周期长，天然更新能力弱，在遭受洪水、人为采挖等灾害后，百山祖冷杉就只剩下3株了。

　　为了拯救这一濒危物种，我国不断对其进行人工繁育，目前在百山祖国家级自然保护区内，人工繁育的80多株百山祖冷杉种子实生苗正茁壮成长。

植物中的珍宝

# 什么树的花朵像鸽子？

珙桐是 1000 万年前新生代第三纪留下的孑遗植物，在第四纪冰川时期，大部分地区的珙桐相继灭绝，只有部分在我国南方的一些地区幸存下来。珙桐初夏开花，花形奇特，似白色鸽子，随风而舞，极其漂亮，西方人引种后称其为"中国的鸽子树"。

珙桐为落叶乔木，可生长到 15 ～ 25 米高，枝叶繁茂，叶大如桑，初夏开花，花形与展翅的鸽子极为相似。珙桐的花紫红色，由多数雄花与一朵两性花组成顶生的头状花序，宛如一个长着"眼睛"和"嘴巴"的鸽子脑袋，花序基部两片大而洁白的总苞，则像是白鸽的一对翅膀，黄绿色的柱头像鸽子的嘴喙。当珙桐花开时，张张白色的花苞在绿叶中浮动，犹如千万只白鸽栖息在树梢枝头，振翅欲飞，因此珙桐被称为"鸽子树"。

珙桐的野生种只生长在我国西南的四川省、中部的湖北省及周边地区，为我国特有树种。自从 1869 年在四川省被发现后，珙桐先后被各国引种，所以珙桐又被称为"中国的鸽子树"。目前珙桐已是世界著名的珍贵观赏树，受到了各国人民的喜爱。

▼ 美丽的珙桐

# 秃杉为什么珍贵？

秃杉又名台湾杉，是世界稀有的珍贵树种，只生长在缅甸及我国台湾、湖北、贵州和云南，为我国的一类保护植物。最早是 1904 年在我国台湾中部中央山脉乌松坑海拔 2000 米处被发现的。秃杉珍贵是因为其为

▲ 秃杉枝叶

1.1 亿年前残遗的植物，在地球上经历了四次冰川期气候变冷的严峻考验，同属的其他种类已全部灭绝，秃杉却幸存了下来。其次，秃杉由于树干通直、材质优良而遭受大量砍伐，加上其更新不良，使得数量极为有限。

秃杉是珍稀的孑遗植物，冰期以后仅存于我国的云南省西北部、贵州省西部、四川省东南部等地的山地沟谷林中，国外仅缅甸北部有少量分布。

秃杉为常绿高大乔木，高可达 60 ～ 75 米，直径 2 ～ 3 米。它生长缓慢，直至 40 米高时才生枝，几十年才能结果。高大的树身使得秃杉采种困难，这也在一定程度上影响了秃杉的繁殖。但秃杉却是重要的用材树种，其材质轻软，结构细密，纹理直，易加工，是建筑、桥梁和制造家具的好材料。正是因为秃杉是好"材"，所以遭到了过度砍伐，已近濒危，因此更弥足珍贵。

现今秃杉已被列为国家一类保护植物，明令禁止砍伐。

植物中的珍宝

147

# 桉树为什么历经大火更美丽？

澳大利亚数亿年来与世隔绝的状态造就了它独特的动植物种群，众多的奇花异草和珍稀树木安静地生长在这里，桉树就是这些珍稀树木的代表。大多数树木都怕火，而桉树却能"浴火重生"，甚至更美丽。

根据研究，澳大利亚的桉树有 500 多个品种，高的可达 100 多米，树干笔直挺立；矮的只有一两米，呈灌木状。为了生存，桉树在长期的进化过程中形成了许多独特的生长特点，如为了避开灼热的阳光，减少水分蒸发，桉树的叶子都是下垂并侧面向阳。桉树还能对抗频繁的火灾，桉树的营养输送管道都深藏在木质层的深部，种子也包在厚厚的木质外壳里，一场大火过后，只要树干的木心没有被烧干，雨季一到，又会生机勃勃。桉树种子不仅不怕火，而且还借助大火把它的木质外壳烤裂，便于生根发芽。桉树可以"浴火重生"，大火过后不仅能获得新生，而且还会长得更好，繁殖得更多。

◀ 高大的桉树

▲ 棕榈树

# 棕榈树为什么被称为"宝树"？

棕榈树属常绿乔木，高可达 7 米，树干直立，不分枝。棕榈树既可观赏，又有很高的经济价值，所以人们称其为"宝树"。

棕榈用途很广，树干可做亭柱、栏杆，耐潮防腐。棕片性柔软，有韧性，耐水湿，经久不腐，可制船缆绳索、蓑衣、棕棚、棕帚、地毯。棕边、棕壳富有弹性，可以填塞沙发，或盖圆亭屋顶。棕叶可制扇、搓绳。棕树种子研成粉，是优良的家畜饲料，果皮含蜡质达 16%，可制复写纸、地板蜡等。棕榈树中油棕榈的果实还可用来榨油，即棕榈油。不仅如此，在中医学中，棕榈叶柄基部的棕毛还可入药，其性平味苦涩，有止血的功效，一般炒炭后应用。

虽然棕榈树生长缓慢，要 7～8 年后才能开剥棕皮，但可持续几十年。通常，每年采剥棕片两次，一次在春季棕树花开时，一次在秋天果熟前。人们歌颂棕榈树说："不吃你的饭，不穿你的衣，每年还送上一层皮。"

可以说棕榈浑身是宝，也难怪人们称其为"宝树"了。

植物中的珍宝

**149**

# 桫椤为什么被誉为"蕨类植物之王"？

桫椤又名台湾桫椤、桫椤树、树蕨等，是桫椤科桫椤属蕨类植物。桫椤是目前已经发现的唯一的木本蕨类植物，因其极为珍贵，故有"蕨类植物之王"的美誉。

桫椤是古老蕨类植物，蕨类植物是高等植物中较为低级的一个类群。在远古的地质时期，蕨类植物大都为高大的树木，后来由于大陆的变迁，多数被深埋地下变为煤炭。尚生存在地球上的大部分是较矮小的草本植物，桫椤是极少数一些木本种类中的一种。桫椤与恐龙同时代，是恐龙的主要食物之一。桫椤树高 3～4 米，最高达 8 米。

由于桫椤科植物的古老性和孑遗性，它对研究物种的形成和植物地理区系具有重要价值，它与恐龙并存，在重现恐龙生活时期的古生态环境，研究恐龙兴衰、地质变迁方面具有重要参考价值。但经历过沧海桑田的桫椤由于人为砍伐或自然枯死，现存数量已十分稀少，加之大量森林被破坏，致使桫椤赖以生存的自然环境变得越来越恶劣，自然繁殖越来越困难，桫椤的数量更是越来越少，已处于濒危状态。现在很多国家都将桫椤列为一级保护的濒危植物。

▼桫椤